Marcel KOUROUMA

Governação dos recursos comuns na floresta classificada de Ziama

Marcel KOUROUMA

Governação dos recursos comuns na floresta classificada de Ziama

Abordagem participativa: uma alternativa para uma melhor gestão dos recursos comuns na reserva florestal de Ziama

ScienciaScripts

Imprint

Any brand names and product names mentioned in this book are subject to trademark, brand or patent protection and are trademarks or registered trademarks of their respective holders. The use of brand names, product names, common names, trade names, product descriptions etc. even without a particular marking in this work is in no way to be construed to mean that such names may be regarded as unrestricted in respect of trademark and brand protection legislation and could thus be used by anyone.

Cover image: www.ingimage.com

This book is a translation from the original published under ISBN 978-620-6-72456-8.

Publisher:
Sciencia Scripts
is a trademark of
Dodo Books Indian Ocean Ltd. and OmniScriptum S.R.L publishing group

120 High Road, East Finchley, London, N2 9ED, United Kingdom
Str. Armeneasca 28/1, office 1, Chisinau MD-2012, Republic of Moldova, Europe
Printed at: see last page
ISBN: 978-620-8-32956-3

Conteúdo

DEDICAÇÃO 2
Currículo 3
INTRODUÇÃO 4
CAPÍTULO I 8
CAPÍTULO II 41
CAPÍTULO III 60
CONCLUSÃO 66
BIBLIOGRAFIA 67
APÊNDICE 72

DEDICAÇÃO

Dedico este livro à minha mãe MAMY ROSALIE THEA que me deu uma educação de rigor e de humildade desde a minha primeira infância. Apesar dos seus parcos recursos, ela também me ajudou a ter acesso à educação, o que é ilustrado pela redação deste livro de memórias. Gostaria também de prestar homenagem ao meu pai, ROGER KOLY KOUROUMA, que sempre me fez acreditar que sou capaz de tudo e que manteve viva a minha esperança até aos dias de hoje.

Rezo para que Deus Todo-Poderoso lhes conceda uma vida longa.

A floresta classificada de Ziama abrange vinte e oito (28) aldeias divididas entre cinco sub-prefeituras, das quais Seredou é a maior, tendo a maior parte do seu território nesta floresta através das aldeias de Singbedou, Sanssanconie, N'Zebela e Oreme.

Embora todas estas aldeias enfrentem dificuldades semelhantes devido à sua localização geográfica em relação ao maciço florestal de Ziama, as dos enclaves encontram-se numa situação mais crítica.

Estas aldeias estão localizadas no interior da floresta e, por conseguinte, não têm terras cultivadas fora da sua aldeia. No entanto, é de notar que a principal atividade destas populações é a agricultura. Esta agricultura é marcada pela utilização de utensílios rudimentares e pouco adaptados à satisfação das necessidades de subsistência destas populações.

Durante a classificação da floresta, os territórios das aldeias foram definidos de acordo com o número de habitantes de cada enclave na altura. Em 1942, esta política era provavelmente uma solução fiável para a conservação do maciço. Mas, anos mais tarde, a população destas aldeias tinha aumentado muito rapidamente e o espaço definido pela administração colonial estava a tornar-se insuficiente. Daí o desejo das populações locais de verem alterados os limites das suas terras para poderem estender as suas actividades agrícolas.

Este facto deu origem a um conflito entre a administração florestal e as comunidades das aldeias. Até hoje, este conflito dificulta a gestão da floresta nos enclaves.

[2]Na altura, o método dos enclaves era certamente uma solução. No entanto, com o rápido crescimento das populações enclavadas, esta política tem de ser reestruturada.

---

[2] Antes de mais, os enclaves são aldeias situadas no meio de uma floresta classificada e que têm as suas terras dentro da floresta. Para o colonizador, era necessário encontrar imediatamente uma forma de permitir que as pessoas destas aldeias vivessem nas suas terras, mas desta vez com um limite. Isto significava definir os limites de acordo com o número de pessoas que viviam lá na altura.

INTRODUÇÃO

A gestão sustentável dos recursos florestais é atualmente uma questão real. Desde a conferência sobre o clima realizada no Rio de Janeiro, em 1992, no Brasil, a questão florestal continua a estar no centro do debate internacional. Devido à atenção especial dada a este recurso, enquanto reservatório biótico e regulador do clima, todas as nações do mundo se preocupam agora com a sua gestão sustentável através de projectos destinados a manter o seu equilíbrio. No Rio de Janeiro, foi adoptada uma declaração sobre as florestas e as medidas para a sua conservação, baseada no conceito de desenvolvimento sustentável. Dez anos mais tarde, em 2002, realizou-se em Joanesburgo uma cimeira sobre o clima, na qual, em consonância com os Objectivos de Desenvolvimento do Milénio, a CNUAD adoptou uma declaração sobre as florestas e criou o Fórum das Nações Unidas sobre as Florestas (FNUF). Mais uma vez, as florestas e as pessoas cujos meios de subsistência dependem delas foram o centro das atenções. Desde então, os Estados membros das Nações Unidas aplicaram a Agenda21 do Rio e as convenções internacionais que permitem à humanidade avançar para uma gestão sustentável das florestas. Desde então, foram tomadas várias iniciativas, incluindo o financiamento de acções concretas para proteger as zonas florestais. Estas duas grandes conferências colocaram posteriormente a questão florestal no centro dos debates sobre o ambiente.

Na conferência de Nagoya, em 2010, a Convenção sobre a Diversidade Biológica (CDB) fez avançar a causa da proteção das florestas enquanto reservatório de biodiversidade. Para o efeito, foi adotado um plano de ação para dez anos, que exige que a taxa de perda de habitats naturais, incluindo as florestas, seja reduzida, pelo menos, para metade, se não mesmo para quase zero.

Para dar ainda mais importância à floresta, o sistema das Nações Unidas declarou 2011 o "Ano Internacional das Florestas" na sua Assembleia Geral.

Desde o Rio de Janeiro em 1992, passando por Joanesburgo em 2002 e Quioto em 2012, foram envidados numerosos esforços no domínio da gestão dos recursos naturais em geral e da silvicultura em particular, que se traduziram em progressos consideráveis na escrita. Alain BILLARD (2013) salienta que a governação no sector florestal evoluiu particularmente a nível supranacional e internacional desde o Rio. [3]Os diferentes estudos realizados no domínio florestal colocam a tónica na responsabilização das comunidades de base, como sublinha

---

[3] Nathalie Rizzotti, coordenadora da Cátedra UNESCO de Lausanne, no seu livro "Tecnologia para o desenvolvimento sustentável".

A Conferência das Nações Unidas sobre o Ambiente e o Desenvolvimento, realizada no Rio de Janeiro em 1992, foi o ponto de partida para a atenção dada às florestas enquanto recursos naturais renováveis e sumidouros de carbono (como a floresta amazónica).

Nathalie RIZZOTTI (2004), O contexto internacional dos anos 90 conduziu ao reforço das parcerias entre as agências de conservação e as populações locais, favorecendo assim uma nova abordagem da conservação dos recursos, designada por "projectos de conservação comunitária".

Uma abordagem que prevê um modo de gestão variável e também o estabelecimento de um estatuto institucional para as zonas onde a gestão é efectuada pelas próprias comunidades.

A gestão conjunta dos recursos baseia-se na constatação de que as comunidades podem estar em melhor posição do que o mercado ou o governo para gerir os recursos das suas localidades, o seu ambiente quotidiano. Este controlo local conduz a uma relação mais respeitadora ou sustentável com o ambiente.

Os recursos naturais são a fonte da riqueza que permite melhorar as condições de vida das populações mundiais. Apesar da sua abundância, estão sujeitos a uma pressão humana muito forte, que aumenta de ano para ano devido ao crescimento demográfico, ao qual se juntam os efeitos de métodos de gestão e exploração inadequados. O facto é que o modelo de desenvolvimento preconizado pelas nações não respeita o ambiente, o que conduziu a um desequilíbrio nas relações ecossistema-sociedade devido à procura frenética de riquezas (minerais, lenha, carvão vegetal). Esta procura está a comprometer a capacidade produtiva e de regeneração das florestas.

Perante esta situação, a comunidade internacional, pressentindo a ameaça de uma crise mundial ligada ao esgotamento dos recursos naturais, começou a refletir na sequência da realização de vários eventos internacionais, como a Conferência das Nações Unidas sobre o Ambiente Humano (UNCHS/Estocolmo-1972) e, sobretudo, a Conferência sobre o Ambiente e o Desenvolvimento (CNUCED/Rio de Janeiro -1992), com vista a estabelecer uma governação mundial dos recursos, tendo em conta todos os actores envolvidos. Esta conferência deu origem às convenções sobre as alterações climáticas, a conservação da diversidade biológica e a luta contra a desertificação. Todas estas convenções pós-Rio visam adotar uma abordagem global da conservação da diversidade biológica, da utilização sustentável dos recursos naturais e da partilha justa e equitativa dos benefícios resultantes da sua exploração. [4]Assim nasceu em 1971 a noção de desenvolvimento sustentável, que hoje é entendida como um processo de desenvolvimento que respeita o ambiente e assegura um melhor equilíbrio nas relações espaço-sociais através de uma simbiose adequada das dimensões biofísica, humana, socioeconómica e institucional.

---

[4]*(synapse.uqac.ca/wp../**Forets_and_humans_Complete_Study_Chap_05**.pdf)*, sítio consultado em 04 de abril de 2015

Na sequência da Cimeira do Rio, vários países aderiram ao princípio da gestão sustentável dos seus recursos naturais. Como muitos países do mundo, a República da Guiné também participou ativamente na elaboração da Convenção do Rio sobre a Diversidade Biológica, que assinou em junho de 1992 e ratificou em 7 de maio de 1993, tornando-se o segundo país africano e o décimo sexto de todas as partes contratantes [...]. [5]A fim de dar cumprimento ao artigo 6º da Convenção, a Guiné efectuou uma avaliação nacional da sua diversidade biológica (MTPE, 1996).

Após a ratificação, a Guiné comprometeu-se firmemente a gerir de forma sustentável os seus recursos naturais.

No entanto, dado que 72% da população vive em zonas rurais e depende exclusivamente da agricultura, a gestão dos recursos florestais continua a ser uma grande preocupação. Tem uma população estimada *em 11.672.876* habitantes Daniel LAMAH (2013), com uma taxa de crescimento anual de 3,1% [...] esta estimativa corresponde a uma densidade demográfica de 47,48 habitantes/km2, que permanece globalmente baixa. 45% desta população tem menos de 15 anos de idade, e os habitantes das zonas rurais da mesma faixa etária representam 48% do total, contra 38% nas zonas urbanas. A população ativa representa 50,5% do total. A Guiné é um dos países mais pobres do mundo. Segundo Daniel Lamah (2013), a incidência da pobreza é atualmente de 55,2%. No limite da sua sobrevivência, estas populações dedicam-se, portanto, à exploração destrutiva dos recursos naturais através da extensão das culturas em terrenos marginais, desbravando terras em busca de novas terras. Estes meios de subsistência têm por vezes consequências nefastas para os recursos naturais.

Estes números tornam difícil, se não impossível, a gestão das florestas classificadas do país, a maior parte das quais se situa em zonas rurais.

Para tal, é igualmente necessário desenvolver sistemas de gestão comunitários ou participativos, embora a Cimeira do Rio tenha recomendado aos países signatários que transferissem o poder de gestão dos recursos florestais para as comunidades locais. Esta experiência de gestão foi bem sucedida em países como o Zimbabué, o Mali e a Índia (Patrick TRIPLET, 2009). Este parece ser um contexto favorável para conferir às populações locais uma maior responsabilidade na gestão dos recursos naturais. Consideramos que esta cimeira marcou uma nova viragem na gestão dos recursos florestais, permitindo que as populações rurais se envolvam diretamente na gestão dos recursos florestais, beneficiando ao mesmo tempo das vantagens financeiras.

A floresta de Ziama, a nossa área de estudo, é a maior reserva florestal do país,

---

[5] Este artigo estipula que "cada Parte Contratante deve desenvolver estratégias, planos e programas nacionais para a conservação e utilização sustentável da diversidade biológica".

com um ecossistema rico e diversificado e, além disso, um nível de degradação de 27%, que parece ser o menos extenso de todas as reservas florestais do país, sendo mesmo considerado "virgem" por alguns autores.

Tal como outras áreas protegidas no mundo, a floresta de Ziama apresenta dois problemas particulares que são descritos pelos representantes das áreas protegidas como prejudiciais [...] a prática da agricultura itinerante de queimadas, que é vista como destruidora da vegetação, e a caça para o comércio da carne (caça furtiva). Em contrapartida, a principal preocupação das aldeias que confinam com esta reserva é fazer face aos elefantes que devastam os seus campos de alimentação.

Este livro de memórias é composto por três capítulos;

No primeiro capítulo, apresentamos o problema, as abordagens metodológicas, as ferramentas conceptuais e teóricas e o modelo de análise. O foco é a questão dos recursos naturais. Centrámo-nos em três conceitos-chave para a nossa investigação.

i- o conceito de recursos; ii- o conceito de governação e; iii- o conceito de partes interessadas. Para ilustrar estes conceitos, recorremos aos escritos de numerosos investigadores de todo o mundo.

O segundo capítulo trata do maciço florestal de Ziama como um ecossistema com questões diversas e complexas.

No capítulo final, apresentamos a gestão participativa como uma alternativa para a proteção racional e sustentável dos ecossistemas florestais do Ziama.

Terminaremos este relatório com uma conclusão e uma perspetiva para a tese.

CAPÍTULO I

PROBLEMA E ABORDAGEM METODOLÓGICA

1.1- Problema

O Gurnee, um país da África Ocidental, pertence à zona tropical devido à sua posição em longitude e latitude. Caracteriza-se pela existência de florestas nas suas quatro regiões naturais, com diversidade climática e vegetal. [7]De acordo com o Ministério francês da Ecologia e do Desenvolvimento Sustentável (MEDD5, 2009), as florestas guineenses cobrem cerca de 13 milhões de hectares (53% do território nacional). Esta está dividida entre 250 000 ha de mangais; 700 000 ha de floresta húmida densa no sudeste; 1 600 000 ha de floresta seca densa e florestas abertas no norte e 10 636 000 ha de savana arborizada. Existem 162 florestas classificadas que cobrem uma área total de 1.182.133 ha (5% do país). Quase todas estão localizadas em cadeias montanhosas e estas florestas classificadas ajudam a proteger as bacias hidrográficas e as suas nascentes.

Em Gurnee, a propriedade das florestas pertence ao Estado, que delega um direito de utilização aos utilizadores, de acordo com os termos e condições definidos pela legislação pertinente em vigor (Pascal REY, 2007). No entanto, os textos reconhecem os direitos consuetudinários das populações locais se a utilização dos recursos florestais por estas populações se limitar à satisfação das suas necessidades básicas. As relações quotidianas das populações locais com as florestas são, portanto, regidas por normas sociais que se enquadram no direito consuetudinário. Este direito consuetudinário confere a jurisdição sobre as questões florestais aos chefes tradicionais, que delegam a responsabilidade pela gestão de cada componente dos recursos naturais a um patriarca, ou aos chefes de clãs, linhagens e famílias (Pascal REY, 2007).

No entanto, as florestas estão sob a tutela do Ministério da Água e das Florestas ou do Ambiente, que decide a atribuição das florestas às populações locais, em colaboração com outros ministérios que se ocupam da descentralização ou da gestão de outros recursos dependentes da saúde das florestas. Os textos prevêem igualmente a participação de actores estatais a vários níveis (governadores, prefeitos, subprefeitos, presidentes de câmara, etc.). Para além dos ministérios, das autoridades administrativas locais e das populações locais, as organizações não governamentais e as associações desempenham igualmente um papel muito importante na execução da descentralização da gestão florestal. No entanto, esta descentralização dos recursos florestais não está a ser efectuada de forma inclusiva e participativa. Este facto mostra os limites da descentralização na

---

[7] Ministério do Ambiente e do Desenvolvimento Sustentável.

gestão dos recursos florestais. Na nossa opinião, esta descentralização deve ser melhorada. A marginalização e a exclusão das populações locais, bem como a não tomada em consideração dos seus costumes, não favorecem a participação concertada das populações locais e o seu apoio total a esta política. Esta exclusão das populações locais do processo de decisão parece ser um ponto fraco do sistema. Esta situação impede a realização dos objectivos pretendidos.

Como se pode ver neste relatório da FAO publicado em 1994, que estimava a desflorestação anual em 1,3%, ou seja, 87.000 hectares. Em 2003, Marcel SOW estimou a taxa anual de desflorestação do coberto vegetal guineense entre 60 e 70%. Estes números comprometem seriamente o futuro do sector florestal guineense. O ambiente guineense é não só um património nacional, mas também uma parte integrante do património universal (Reserva da Biosfera de Monts Nimba), que fornece recursos à humanidade. A sua conservação é essencial para manter o equilíbrio climático. Por conseguinte, a gestão deste património deve ter em conta todos os intervenientes a todos os níveis.

Os ecossistemas de floresta tropical densa do país estão localizados no sudeste do país, na região conhecida como Guinee Forestiere. São do tipo Libero-Ivoriano. Outrora com 14 milhões de hectares, restam apenas 700 000 ha, repartidos entre as prefeituras de Gueckedou, Lola, Macenta, 'Nzerekore e Yomou (Amadou BAH et al, 1996). Esta região contém as maiores florestas do país, devido à presença de uma densa floresta secundária. Contudo, todas estas florestas estão a sofrer uma degradação extensiva. Estas florestas incluem :

-    A floresta de Diecke cobre 59143ha e está localizada a uma altitude de 400-595m. Trata-se de uma floresta húmida de planície com 30% de degradação;

-    Dere 8920ha floresta de planície de inundação no sopé do Monte Nimba com um nível de degradação de 90%; Monte Bero 26850 ha localizado a uma altitude de 600-1200m, uma floresta semi-decídua e savana com um nível de degradação de 75%;

-    Pic de Fon 25600ha situado a uma altitude de 600-1656 m; trata-se de uma floresta húmida de montanha, com um nível de degradação de 35% causado nomeadamente pela exploração da madeira, a floresta de Ziama com um nível de degradação de 27%.

A maioria das zonas protegidas situa-se em zonas húmidas, embora os conflitos sobre a utilização dos recursos nestas zonas, devido à crescente pressão demográfica, tenham limitado a sua extensão. Vastas áreas têm o estatuto de florestas classificadas, mas, na realidade, estão a ser abandonadas à sua própria sorte e estão a sofrer uma degradação grave em diferentes graus. Consideramos que estas zonas devem beneficiar de um nível de proteção mais elevado para evitar o seu desaparecimento.

A floresta de Ziama, objeto do nosso estudo, é uma das florestas classificadas da região desde 1942). Foi classificada como património mundial pela UNESCO em 1988 e situa-se na prefeitura de Macenta, na Guiné Forestiere. É a maior floresta classificada do país, com 119.019 hectares. Situa-se a uma altitude de 500-1387m. Faz parte de uma concessão florestal de 30.000ha. A floresta está atualmente 27% degradada. Está ameaçada pela caça. De notar que são abatidos 750 animais por ano nesta floresta (James HEATHER, 2003). Está subdividida em duas zonas, a Ziama 1, com uma superfície de 56170 ha, sujeita a usos múltiplos, e a Ziama 2, com uma superfície de 42547 ha, que é o núcleo central do maciço que resta atualmente e que deve ser protegido com a sua zoocenose.

[833]Segundo o MEDD (2009), a floresta de Ziama está a diminuir 1.111 ha por ano, ou seja, mais de 45.000 m de madeira explorável destruída por ano (40 m /ha/ano). Prevê uma destruição anual de 5% após 20 anos.

[eme]Parece que, em meados do século XIX, o maciço florestal de Ziama era uma das regiões agrícolas mais densamente povoadas e prósperas do sul da Guiné (Benjamin ANDERSON in James FAIRHEAD, 1994) demonstra-o bem através dos seus escritos durante uma viagem a esta região em 1868. Segundo ele, a zona era outrora densamente povoada, economicamente movimentada, intensamente cultivada e coberta de quintas, pousios florestais e prados. Menciona toda uma série de aldeias com populações entre 2.500 e 7.000 pessoas.

Convém notar que, atualmente, a gestão sustentável dos recursos do maciço florestal de Ziama é dificultada por um certo número de condicionalismos:

A falta de recursos materiais e financeiros, a falta de motivação para abordagens participativas, a falta de comunicação vertical e horizontal nas instituições estatais e a inexperiência dos jovens curadores.

As consequências da pressão demográfica, da incerteza fundiária e da falta de interesse da população pela conservação dos recursos naturais.

1-1-1-Pergunta de investigação

Como assegurar uma gestão sustentável da floresta classificada de Ziama num contexto em que as preocupações das populações locais são frequentemente contrárias às do Estado?

1-1-2-Hipótese

À luz da nossa questão de investigação, formulamos a seguinte hipótese: A consideração efectiva das preocupações, dos conhecimentos e do saber-fazer das diferentes partes interessadas e o seu verdadeiro envolvimento nos processos regulamentares são condições essenciais para a gestão sustentável da floresta classificada de Ziama.

---

[8] Ministério do Ambiente e do Desenvolvimento Sustentável

A nossa hipótese tem três dimensões. Em primeiro lugar, considera que o envolvimento das populações locais (como *partes interessadas na gestão da floresta*) é uma necessidade absoluta para a gestão sustentável da floresta de Ziama (sendo a floresta considerada um recurso comum). Em segundo lugar, devem ser tidas em conta as preocupações/necessidades de todos os actores envolvidos na gestão e no desenvolvimento deste recurso. Esta parece ser uma das condições sine qua non para uma gestão sustentável e equilibrada do maciço florestal do Ziama. Estes actores incluem: o Estado (através dos seus serviços descentralizados, as populações locais, as ONG de defesa do ambiente, etc.). O objetivo será identificar as preocupações científicas em termos de ecossistema, biodiversidade e alterações climáticas e as suas consequências para as actividades produtivas, bem como as relativas às condições de vida e de produção das populações locais.

A segunda dimensão da nossa hipótese é *a gestão sustentável* da floresta classificada de Ziama em termos de sistema, método e/ou abordagem. A gestão sustentável das florestas garante a diversidade biológica, a produtividade, a capacidade de regeneração, a vitalidade e a aptidão das florestas para cumprir, agora e no futuro, as funções económicas, ecológicas e sociais relevantes a nível local, nacional e internacional, sem causar danos a outros ecossistemas.

A terceira dimensão é o domínio das regras do jogo por todos os actores através da popularização dos textos regulamentares relativos à gestão das florestas classificadas como Gurnee, assegurando simultaneamente a aplicação das disposições do código florestal.

1-1-3-Objectivos

Com um nível de degradação de 27%, a floresta classificada do Ziama é hoje a única floresta "virgem" do país, cuja proteção seria uma necessidade imperiosa. Dado que a sua área e as suas espécies ainda estão em grande parte não degradadas, definimos os nossos objectivos da seguinte forma

1-1-3-1- Objetivo geral

Ajudar a compreender os factores que explicam o atual nível de degradação da floresta de Ziama, embora relativamente moderado, e as questões envolvidas na adoção de uma abordagem participativa para a gestão deste recurso comum.

1-1-3-2-Objetivo específico

Os seguintes objectivos específicos decorrem deste objetivo geral:

Analisar o papel das populações locais na gestão dos recursos do maciço ligados à sua subsistência.

Identificar e analisar um certo número de questões relativas à adoção de uma abordagem participativa da gestão dos recursos florestais de Ziama com vista ao desenvolvimento sustentável de uma melhor governação deste maciço.

1-1-4- Protocolo de investigação

Depois de termos definido o problema, a questão de investigação, a hipótese e os objectivos relativos ao nosso tema, temos agora de definir o nosso protocolo de investigação.

Nesta perspetiva, começamos por identificar a pertinência científica e social do tema escolhido, depois apresentamos as razões da escolha do local de aplicação, antes de descrevermos o nosso método de recolha, tratamento e análise dos dados.

1-1-4-1- Escolha da zona de estudo

A floresta de Ziama é uma das cento e sessenta e duas (162) florestas classificadas da Gurnee, localizada no sudeste do país na região florestal, precisamente na prefeitura de Macenta. Abrange uma área de 119019 hectares, dividida entre cinco (5) sub-prefeituras, nomeadamente: Oremai, Singbedou, Zebela, Fassanconie e Seredou (que tem a maior parte do seu território invadido pela referida floresta). Abrange vinte e oito (28) aldeias, incluindo enclaves e comunidades ribeirinhas.

Por uma questão de exatidão, foram escolhidos dois enclaves: Zoboroma (que pertence ao RC de Oremai) e Ballasou do RC de Seredou, e depois duas zonas vizinhas: Irie e Avillisou, todas do RC de Seredou.

1-1-4-2-Justificação da escolha

A nossa investigação incide sobre uma floresta classificada como húmida, chamada Ziama, situada no sudeste da Guiné. Esta floresta natural cobre toda uma cadeia montanhosa a uma altitude de 1230m. Esta escolha justifica-se, em primeiro lugar, pela importância do potencial ecológico do maciço em questão, tanto do ponto de vista da fitocenose como da zoocenose. É a única floresta remanescente na Guiné com apenas 27% de degradação em relação ao conjunto das florestas classificadas do país. A sua proteção é, portanto, imperativa. O maciço abrange vinte e oito (28) aldeias, mas a nossa escolha recaiu sobre as aldeias de Ballassou e Zoboroma. Estas duas aldeias são enclaves, ou seja, estão situadas no coração do maciço. A maior parte das actividades socioeconómicas das suas populações consiste em explorar os recursos desta floresta, tendo apenas direitos de utilização de certas parcelas, que são insuficientes para a sua subsistência. Avillisou e Irie são aldeias ribeirinhas. Mas as suas populações tinham explorado a floresta durante o primeiro regime através de culturas de exportação. Privadas dos seus direitos em 1991, as comunidades destas aldeias reclamam o seu regresso às zonas que exploravam.

Estas vinte e oito aldeias ribeirinhas apresentam as mesmas situações, mas os quatro alvos foram utilizados como amostra devido ao seu carácter representativo, às suas duas caraterísticas principais: por um lado, enclaves e, por outro, habitantes ribeirinhos.

1-2- Abordagem metodológica

A fim de compreender melhor os problemas associados à gestão dos recursos florestais de Ziama, estamos a utilizar abordagens que foram experimentadas e testadas no sector florestal em países tropicais, tais como abordagens participativas ou baseadas na comunidade, ecossistémicas e integradas.

Destas abordagens, consideramos que a abordagem participativa ou de base comunitária é a mais adequada para este estudo, uma vez que tem em conta as necessidades da população e envolve todas as partes interessadas.

Este estudo oferece retratos detalhados dos modos de governação dos ecossistemas da floresta de Ziama. Partilhamos uma abordagem que combina a teoria social recente com a capacidade de descrever pormenores íntimos da transformação das instituições para a gestão desta floresta. Para além disso, procuramos revelar e analisar algumas das consequências e possibilidades de uma verdadeira revolução nas relações de utilização e gestão da floresta. Quer se trate da relação entre os indivíduos e a natureza, entre os administradores e as comunidades, ou entre as comunidades e as comunidades como actores nacionais em evolução. Os seres humanos negoceiam a sua relação com a natureza, mas esta relação difere de um ambiente para outro e de uma época para outra.

Para levar a cabo este exercício de investigação, optámos por uma metodologia que combina abordagens qualitativas e quantitativas. As entrevistas e a pesquisa documental foram as principais técnicas de recolha de dados utilizadas. Os inquéritos centraram-se em três (3) grupos-alvo: serviços técnicos governamentais, ONG e residentes locais.

Relativamente aos serviços técnicos do Estado, os nossos inquéritos incidiram principalmente sobre o Centro Florestal e o acantonamento florestal, que são os serviços responsáveis pela gestão e regulamentação das florestas classificadas na Guiné. A amostra ao nível dos serviços do Estado foi constituída por quatro (4) pessoas com muitos anos e experiências diversas no terreno: o chefe da divisão de gestão das áreas protegidas da Direção Nacional das Águas e Florestas, o chefe da delegação de Ziama, o chefe da divisão de conservação de N'Zerekore e o chefe do acantonamento florestal de Seredou.

Nas aldeias ribeirinhas, realizámos grupos focais com três estratos da população: jovens, mulheres e homens. Entrevistámos trinta e dois (32) homens, dezassete (17) mulheres e vinte e quatro (24) jovens. Este número abrangeu todas as aldeias inquiridas. No entanto, a dimensão de cada grupo variava de aldeia para aldeia. Durante as entrevistas, cada pessoa anotou os pormenores das suas respostas num bloco de notas. Algumas entrevistas foram gravadas com o auxílio de um telefone para beber. No final de cada dia de entrevistas, reunimo-nos novamente para fazer um balanço, completar as notas tomadas e transcrever as gravações. No final do inquérito, foi redigido um relatório de síntese na RC de Seredou, na presença dos serviços responsáveis pela gestão do maciço e dos eleitos locais. A transcrição final foi efectuada em Conacri, o que nos permitiu redigir o segundo relatório.

Quadro 1: Idade dos inquiridos por sexo e por aldeia

Aldeias	Homens	Mulheres	Jovens	Faixa etária	Total por aldeia
Ballassou	9	5	8	28- 80	22
Zoboroma	10	6	7	30 - 70	23
Avilissou	7	3	5	29- 100	15
Irie	6	3	4	30 - 80	13
Total de efectivos	32	17	24		73

Fonte: Inquérito aos candidatos (agosto de 2014)

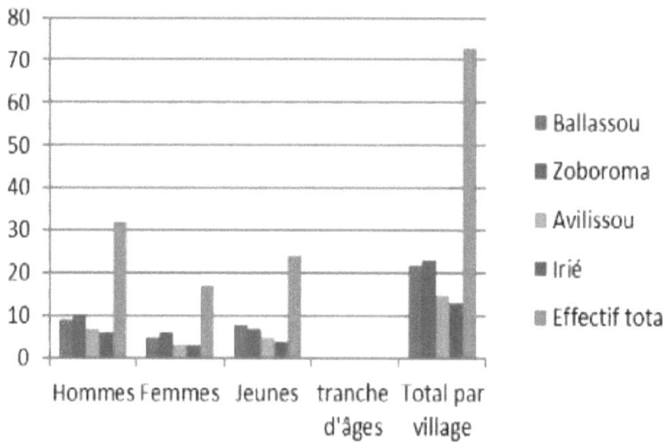

1-2-1- Pesquisa documental e análise de dados secundários

No âmbito desta investigação, a revisão da literatura consistiu na consulta de documentos disponíveis relacionados com o nosso tema.

A fim de obter um manancial de informações sobre o assunto, recorremos aos dados bibliográficos necessários para compreender a situação atual. Esta bibliografia é reconhecidamente exaustiva, mas dada a abundância de literatura sobre as questões em jogo na gestão dos recursos florestais de propriedade comum, considerámos que seria útil fazer uma análise mais aprofundada da mesma. Para não nos perdermos na exploração do nosso campo de estudo, fizemos uma seleção bibliográfica. Para isso, beneficiámos da contribuição essencial de alguns dos nossos professores do Mestrado Espaço - Tempo - Sociedade, que nos forneceram os documentos de referência e as recomendações necessárias ao nosso tema.

Esta fase envolveu principalmente literatura geral, revistas científicas, artigos, relatórios de estudos, dissertações e qualquer outro documento relacionado com o nosso tema de investigação, bem como sítios Web.

Os resultados da revisão da literatura permitiram-nos dar um certo grau de precisão e clareza à pergunta original. Ajudaram-nos também a situar o problema.

Esta pesquisa bibliográfica permitiu-nos explorar investigações anteriores realizadas noutros locais do mundo sobre a gestão dos recursos florestais, bem como as abordagens teóricas desenvolvidas por vários autores.

Estes resultados permitiram também enriquecer o problema e o quadro concetual e teórico, por um lado, e conhecer os métodos de gestão florestal em Gurnee e Ziama, por outro.

1-2-2- Recolha de dados primários

O objetivo da recolha de dados primários é clarificar, corrigir ou melhorar o nível de informação fornecido pelas tendências actuais relacionadas com a problemática do tema, com base em revisões da literatura.

Em função dos métodos escolhidos, utilizámos dois instrumentos principais: o questionário, que incluía perguntas fechadas e semi-fechadas. Permitiu-nos avaliar parâmetros quantificáveis específicos para compreender melhor os seguintes aspectos:

- Respeito pelas leis que regem a regulamentação florestal pelas populações locais;
- Participação da comunidade na elaboração da legislação florestal;
- Apoio das ONG aos serviços técnicos encarregados da gestão desta floresta;
- As dificuldades enfrentadas pela população local.

O segundo instrumento, o guia, baseou-se em entrevistas individuais e em grupo.

Com base no guião de entrevista, recolhemos as informações necessárias para aprofundar a nossa análise através de uma abordagem qualitativa, nomeadamente os seguintes aspectos

- História da fundação e do povoamento das aldeias ;
- Regras que regem a regulamentação da floresta antes da classificação;
- As consequências se alguém violar as regras;
- A importância da floresta para a população local;
- Actividades realizadas no passado pela população local;

- A relação entre as tias e a floresta;
- A data em que a floresta foi classificada;
- As dificuldades enfrentadas pelas populações locais desde a classificação da floresta até aos dias de hoje;
- Problemas internos da comunidade;
- A natureza dos conflitos que surgem entre as partes interessadas na floresta;
- Métodos de resolução de litígios ;
- O recrudescimento dos conflitos e as datas em que eclodiram;
- Propriedade desta floresta atualmente.

Durante as entrevistas, anotámos as respostas num caderno. Algumas entrevistas foram gravadas com o auxílio de um telefone para beber. No final de cada dia de entrevista, reunimo-nos para fazer o balanço, completar as notas tomadas e transcrever as gravações. No final do inquérito, foi redigido um relatório de síntese na RC de Seredou, na presença dos serviços responsáveis pela gestão do maciço e dos eleitos locais. A transcrição final foi efectuada em Conacri, o que permitiu a elaboração do segundo relatório.

Os dados foram recolhidos no terreno de 18 de agosto a 05 de setembro de 2014, ou seja, durante três semanas.

Com base em observações diretas das terras baixas, que são as principais áreas de cultivo nesta zona, estimámos a sua superfície em 1 ha por pessoa. Estas superfícies variam consoante as necessidades e as aldeias. A distribuição entre os agricultores é confiada a um comité de gestão criado em cada aldeia. A idade dos nossos inquiridos foi calculada com base nos seus bilhetes de identidade.

1-2-3-Amostragem

Quer o inquérito seja efectuado por questionário ou por entrevista a indivíduos ou grupos, a amostragem é sempre necessária para garantir a representatividade da amostra. Devido à limitação dos nossos recursos materiais e financeiros e ao afastamento da zona abrangida pelo nosso tema, recolhemos estatísticas sobre os diferentes conflitos junto de cem (73) chefes de família distribuídos por quatro aldeias inquiridas. Isto deve-se ao facto de todas estas aldeias apresentarem situações semelhantes.

Como já foi referido, esta floresta abrange cinco (5) CRs, distribuídos por vinte e oito (28) aldeias. No entanto, escolhemos certos CRs e aldeias; esta escolha foi justificada pela sua dimensão demográfica, que é aqui considerada como o principal fator das mudanças ocorridas, tanto a nível económico como social e cultural. É o caso, por exemplo, de Irie, Ballasou e Avillisou (na CR de Seredou) e Zoboroma (na CR de Oremai).

O nosso interesse pela escolha das duas aldeias enclave reside no facto de a sua população parecer ser forçada a adaptar-se à estreiteza das suas terras, uma vez que registam um forte crescimento demográfico.

Quadro 5: Dimensão demográfica das aldeias inquiridas

Aldeias	Residentes
Aldeia de Irie	3362
Irie crossroads	1939
Ballassou	509
Avilissou	3428
Zoboroma	3500

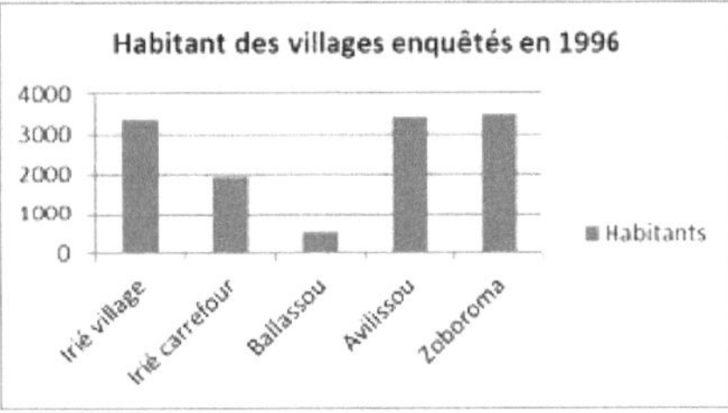

Fonte : CR de Seredou

Antigamente, era o chefe da tribo que geria a terra em nome da comunidade. Ele distribuía a terra e a área cultivada dependia do número de membros da família e do tipo de ferramentas que possuíam. Não havia propriedade individual. A abundância de terras correspondia ao sistema de cultivo em vigor, que não era outro senão o itinerante. A terra era um recurso que se desenvolvia e depois se abandonava. Os sistemas de propriedade fundiária estavam adaptados a uma sociedade em equilíbrio estacionário, baseada num direito tradicional anti-individualista, que visava sobretudo garantir a segurança do grupo ou do indivíduo no seio do grupo ou através do indivíduo no seio do grupo.

Com uma população reduzida, conseguiam cultivar o suficiente para reabastecer o solo.

Com o crescimento demográfico observado nas aldeias ribeirinhas. A primeira consequência é a necessidade imperiosa de aumentar as culturas alimentares. As necessidades alimentares aumentaram e, se os métodos agrícolas não forem rapidamente melhorados, uma produção agrícola insatisfatória poderá ameaçar o equilíbrio ecológico já precário.

A abundância de terras já não é uma caraterística permanente, mas as terras agrícolas são escassas em algumas aldeias como Zoboroma e Ballasou.

O aumento da população obrigou a uma reorganização do uso do solo, quer por emparcelamento, porque as parcelas se tornaram demasiado pequenas.

A sociedade Toma era igualitária no que respeita à utilização da terra. Cada um tinha acesso à terra de acordo com as suas necessidades. A alienação das parcelas de cultivo (terras baixas) aos não-Toma pelos guardas florestais da época destruiu este conceito igualitário.

Esta desigualdade só tem aumentado, e atualmente algumas famílias chegaram ao ponto de não terem qualquer terra arável.

1-2-4-Ferramentas conceptuais e teóricas -Método de análise

Começamos esta secção com uma apresentação crítica das teorias que têm sido utilizadas na gestão dos recursos florestais, e com a definição e evolução de certos conceitos que são o foco da nossa análise. Consideramos estes conceitos como ferramentas operacionais para a recolha e análise de dados no contexto da nossa investigação. Este exercício de concetualização facilita também a compreensão das dimensões do problema relacionado com o nosso objeto de investigação. Trata-se, portanto, de um aspeto indispensável para a conceção de instrumentos eficazes de recolha e análise de informação no terreno.

Estes conceitos incluem: o conceito de actores, o conceito de governação e o conceito de recursos. A compreensão de todos estes conceitos foi facilitada pela mobilização e exploração de uma vasta literatura sobre o assunto. Existem três teorias: a abordagem ecossistémica, a abordagem integrada e a abordagem comunitária ou participativa. Mas destas três, a que nos chamou a atenção foi a abordagem participativa ou comunitária.

1-2-4-1-Evolução da teoria participativa ou comunitária

A dimensão participativa das populações locais parece hoje incontornável quando se aborda a questão da gestão florestal (Maya LE ROY, 2013). No entanto, há muito que sofre de uma rivalidade ideológica profunda entre a escola "conservacionista", por um lado, e a escola "comunitarista", por outro.

Os conservacionistas consideravam que a população não possuía as competências adequadas para gerir as florestas. Na sua opinião, as florestas deveriam ser conservadas excluindo toda a atividade humana. Observamos com Rebeca HARDIN (1968), que pensava que confiar a gestão de um bem comum como uma floresta às comunidades seria sinónimo de destruição maciça. Para ela, seria preferível "*privatizar*" ou "*etatizar*" a gestão dos recursos naturais. O argumento da escola da tragédia dos bens comuns é que, na presença de um bem comum, os indivíduos que só pensam em maximizar o seu lucro acabarão por esgotar o recurso.

Quanto aos "comunitaristas", defendiam que a utilização das florestas fosse tida em conta pelas populações que delas dependiam. Para os defensores desta corrente de pensamento, como Elinor OSTRON, nem o Estado nem o mercado têm competência para gerir as florestas. Na sua opinião, as sociedades desenvolveram há muito tempo os seus próprios sistemas de gestão dos seus recursos. Um sistema baseado em regras que lhes permitiram viver em harmonia com a natureza, expropriando esta população do recurso que está habituada a gerir, não seria uma solução fiável para a gestão sustentável dos recursos naturais. Por isso, é preciso dar-lhes um sentido de responsabilidade e envolvê-los de alguma forma na sua gestão. Elinor OSTRON defende assim um modo de governação descentralizado.

Como vimos em Ziama, onde esta gestão estatal convencional contribuiu para a destruição do maciço, aumentando a pressão sobre a vegetação fora das zonas de aldeia e antagonizando as populações locais contra a ideia de conservação.

Um terceiro grupo, os "madeireiros", opõe-se aos comunitaristas e apoia os conservacionistas. Para eles, as populações locais são um obstáculo à atividade madeireira. Por conseguinte, devem ser excluídas.

Em 1970, o pensamento comunitarista ganhou força, impulsionado por algumas ONG que começavam a defender a posição das comunidades indígenas e locais de uma forma altamente publicitada. É o caso do frenesim mediático, em 1989, em torno da campanha internacional do chefe Raoni Metuktire, do povo Koyapos, em defesa das tribos da Amazónia e contra a desflorestação tropical. Segundo esta posição, *"a apropriação por parte das instâncias internacionais de uma linha de pensamento que privilegia a participação e a gestão das comunidades marcou uma rutura profunda com os esquemas tradicionais, muito centralizados, que tendiam a promover a importância do papel do Estado na gestão dos recursos renováveis"* (Maya LE ROY, ibid, p. 23).

O ano de 1990 marcou o início da descentralização com o advento do Programa de Ajustamento Estrutural nos países do Sul pelo FMI e pelo Banco Mundial. Este programa deu peso às abordagens participativas. Por conseguinte, os projectos participativos generalizaram-se. Pascal Rey (2007, p 252) salienta que "a abordagem *participativa* está a *regressar a todos os actores do desenvolvimento, desde as grandes instituições internacionais até às pequenas ONG"*. Este facto colocou as florestas firmemente na agenda internacional.

De facto, embora a abordagem participativa ou de silvicultura comunitária tenha sido objeto de muita discussão entre as diferentes escolas de pensamento sobre a gestão sustentável das florestas, parece ser adequada ao problema desta investigação.

1-2-4-1-1-O conceito de actores

Uma vez que a floresta é um recurso comum, a sua gestão implica necessariamente a participação de vários intervenientes a vários níveis. Estas partes interessadas incluem o Estado, as ONG, as autoridades locais e as comunidades de base. Cada um destes actores deve, de uma forma ou de outra, envolver-se na manutenção das conquistas da natureza em geral e, mais especificamente, da floresta, que é simultaneamente uma fonte de rendimento nas zonas tropicais e objeto de conflitos entre as populações e entre estas e a administração florestal. Este facto leva-nos ao conceito de parte interessada neste estudo.

Este conceito surge de vários ângulos (sociologia, geografia, etc.) e o seu significado depende da corrente a que pertence. Por conseguinte, utilizá-lo-emos numa perspetiva geográfica.

Na literatura das ciências sociais de língua francesa, a utilização intensiva e a plasticidade do conceito de ator, o seu valor metafórico e a sua ambivalência, permitem um certo número de pontes entre as disciplinas, mas também contêm ambiguidades.

O termo "ator" tornou-se uma "palavra-chave" nas ciências sociais, embora não seja necessariamente reservado àqueles que conhecem o seu significado exato (Jean Pierre GAUDIN, 2002.in http :/ress.revues.org).

No uso comum, a referência ao ator social sugere sobretudo a liberdade de iniciativa, mas também os recursos do comportamento racional e, em suma, está associada à figura do indivíduo moderno.

Nas ciências sociais e humanas, as construções da noção de ator são muito diversas e as suas utilizações são multiformes, mesmo numa primeira análise. A filosofia, por seu lado, tem-se apoiado essencialmente na distinção sujeito/objeto. No direito, tal como na psicologia, a noção de ator é semelhante nas suas utilizações às de sujeito ou indivíduo racional.

As primeiras versões da sociologia das organizações, a partir dos anos 50, falavam mais do problema da escolha racional. Quanto às abordagens marxistas, de inspiração mais estrutural, tendem a falar dos agentes em contextos ou constrangimentos que explicam as suas acções (macroeconomia, sociologias estruturalistas, etc.).

Para além do conhecimento disciplinar convencional, os conceitos de "ator" e "agente" foram recebidos de formas muito diferentes nas ciências sociais.

A noção de "agente" foi utilizada pela primeira vez por Weber MAX em 1921. Etimologicamente, um agente é alguém que actua, que causa, que está na origem de [...]; mais utilizado em economia do que em sociologia. Foi assim utilizado pelos sociólogos, mantendo a sua originalidade até 1980.

[9]Na década de 1970, a noção de "agente" mudou para o conceito de "ator" sob o impulso de Michel CROZIER e Erhard FRIEBERG (1977), para indivíduos ou grupos de pessoas com a capacidade de mudar o comportamento das pessoas. Estes autores desenvolveram a teoria dos actores estratégicos. Esta teoria

---

[9]Esta análise foi feita a partir dos escritos de Michel CROZIER e Erhard FRIEDBERG, 1977 "l'acteur et le systeme : les contraintes de l'action"; todos eles pensadores no domínio da sociologia das organizações.

tornou-se central para a sociologia das organizações e foi particularmente desenvolvida no âmbito da análise estratégica.

Para eles, a noção de "agente" era utilizada para aquele que transmite; o vetor de transmissão (ideia ou doença). De acordo com a sua análise, a palavra tinha um sentido fraco, significando um simples intermediário, ou seja, uma representação ou retransmissão.

O conceito de ator suplantou largamente o de agente, que era o termo inicialmente utilizado e dominante até aos anos oitenta.

O regresso do conceito de ator é justificado por quatro factores: a rejeição do determinismo, o regresso às abordagens micro-sociológicas, a necessidade de analisar a mudança social e o desejo de ter em conta o conflito.

Todas estas preocupações podem ser encontradas nos objectos da sociologia, mas a questão do ator esteve no centro de três programas em particular: o problema da organização, a escolha racional e a sociologia da ação.

O uso da noção de actores tende a legitimar-se na Geografia, mas parece ser uma invenção da Sociologia. De facto, no momento em que a sociologia reclama a autoria do conceito, recordamos a regra de Simon OSTROWETSKY (1997) nos seguintes termos: *"Se queremos pensar em termos de uma meta-disciplina, não devemos ir procurar definições pertencentes aos domínios da sociologia junto de pessoas que não são sociólogos. É preciso saber com que sociólogo se está a falar".*

Os geógrafos utilizam o conceito de "ator", que é sempre acompanhado por : "Territoire". Foi utilizado pela primeira vez na geografia por Pierre GEORGES em 1964 e por Jean LABASSE em 1966. *"Os territórios estão sujeitos à intervenção de múltiplas instituições, agrupamentos sociais, forças políticas e indivíduos com diferentes graus de poder, em função dos seus objectivos, que são atribuídos por estes actores. Eles agem em virtude de projecções ideológicas e de decisões apoiadas por investimentos privados e/ou públicos de diferentes graus que operam em diferentes níveis espaciais. Participam nas dinâmicas gerais e parciais de transformação e de adaptação do território"* (Dictionnaire Geographique, 2005, p. 6-7). Os sociólogos, por seu lado, propõem o conceito de actores.

Neste debate sobre o conceito de ator, os geógrafos dão prioridade à noção de "dimensão espacial" e de "território".

A sociologia das organizações, por seu lado, divide este conceito em *"análise sistémica e estratégica"*, ou *"sistema de ação concreta"*, e *"sistema de ação colectiva organizada"* (CERTU, 2001, p8).

Michel CROZIER (1977) classifica os actores em duas categorias: actores privados (instituições internacionais e ONG) e actores públicos (o Estado, as colectividades locais e as organizações de agricultores). Para ele, os principais elementos de um território são os seus actores privados ou públicos. Michel CROZIER recorda igualmente que as fronteiras entre uma organização e o seu ambiente não são estanques. Para ele, não deve haver "organizações organizadas, por um lado, e campos não organizados, por outro". Muitas vezes, é impossível traçar as fronteiras, e temos de concordar, na sua opinião, que "não há nenhum campo que não esteja organizado em termos de poder".

Erhard FRIEDBERG, aliado de Michel CROZIER, fala antes de *sistemas de ação colectiva"*.

a organização. Para ele, o ambiente de uma organização é constituído por outras organizações.

Para geógrafos como (Guyi DI MEO, 1996 in <u>http://eegeosociele.free. frirenne, 2006)</u> "é preciso ter em conta o que está em causa no ato". No entanto, o contexto sociológico do conceito de actores leva-nos a negligenciar certas formas de relação geográfica. Na geografia social, inscreve-se numa lógica de redistribuição dos epítetos (sujeito, indivíduo, pessoa, ator) frequentemente utilizados para analisar os espaços geográficos.

De acordo com Jean Pierre VANDENBERG (1998), as partes interessadas podem ser divididas em três categorias distintas (micro-stakeholders, macro-stakeholders e mega-stakeholders), que se distinguem pelas suas funções.

Os primeiros actuam um passo de cada vez e têm pouco impacto na estrutura social. Quanto aos dois últimos (ou seja, os macros e os mega-actores), as suas acções podem ter ramificações sociais bastante consideráveis, quer porque falam e agem em nome dos actores sociais, quer porque, embora falem em seu próprio nome, "têm um poder significativo".

Segundo Richard GRIMBLE, et al, (1997, in www.icra-edu.org), existem actores "activos", actores "passivos", actores "chave", actores "secundários" e actores "primários".

Mas distinguem-se uns dos outros pelo papel que desempenham no sistema. Os actores "activos" são aqueles que têm um efeito ou determinam uma decisão no sistema ou no projeto, enquanto os actores "passivos" são pessoas que são afectadas pelas decisões ou acções de outros.

As partes interessadas "primárias" são os beneficiários previstos dos projectos; as partes interessadas "secundárias" são as que actuam como intermediários no âmbito dos projectos.

Quanto aos intervenientes "chave", trata-se de pessoas consideradas importantes ou que têm uma influência significativa no sucesso de um projeto.

Existe muita literatura sobre a classificação das partes interessadas, mas com base no critério de avaliação, classificamos as partes interessadas em dois tipos:

partes interessadas "importantes" e partes interessadas "influentes". As partes interessadas "importantes" são pessoas cujas necessidades são importantes para um projeto ou estudo. As partes interessadas influentes têm o poder de controlar as actividades ou podem influenciar o processo de tomada de decisões.

Estamos a considerar as mulheres agricultoras como actores importantes, mas se quisermos avaliar a igualdade, tradicionalmente elas não terão qualquer influência no processo de tomada de decisões.

Os sócio-antropólogos remetem a utilização da noção de actores para o contexto da ação, definindo claramente os limites da análise assim efectuada ou a efetuar. Segundo Hubert (1992), um pensador do movimento da geografia estrutural, "*a noção de actores sociais é um modelo de qualificação das trajectórias de vida que permite escapar a qualquer referência espacial concreta e pré-construída*".

A análise do conceito de ator abre um vasto campo de discussão. Enquanto que a geografia social tem como objetivo manter a originalidade dos termos nas suas análises, tanto na explicação como na descrição, o que levaria à questão da localização.

É de notar que a noção de "espaço" continua a estar no centro do núcleo disciplinar da geografia.

Com base na nossa análise, propomos a seguinte definição do conceito de actores.

"Uma parte interessada é uma pessoa ou um grupo de pessoas singulares ou colectivas que intervêm numa área para resolver um problema". [10]Por exemplo, a ONG Danish Refugee Council, a organização de agricultores para ajuda às vítimas de elefantes, os residentes locais e as populações locais são todos partes interessadas no nosso projeto de investigação.

No âmbito da gestão sustentável dos recursos florestais, os actores envolvidos devem trabalhar em conjunto e, sobretudo, ter em conta as preocupações das populações locais.

No caso específico de Ziama, que é objeto da nossa investigação, existe um problema de negligência das necessidades essenciais e de incompreensão do papel da população local. O principal e essencial ator, a população local, não é tido em conta nas instâncias de decisão. A exclusão da população local dos processos de decisão não se limita à região de Ziama, mas é um fenómeno geral em todo o país. Ora, o desenvolvimento sustentável baseia-se numa ideia forte de participação de todos os actores.

---

[10] Encontrámos esta ONG em Avillissou, a 22 de agosto de 2014, durante o nosso inquérito, que está envolvida na resolução do conflito entre as aldeias vizinhas de Avillissou e Koima. Encontrámos também uma outra organização, uma organização de agricultores, em Irie, no mesmo contexto, um pouco diferente da dinamarquesa, que é uma iniciativa comunitária criada para ajudar as vítimas dos elefantes, ou seja, aqueles cujos campos foram devastados pelos elefantes.

Os textos relativos à gestão dos recursos florestais ditados pela administração competente não são aplicados pela população, porque o seu conteúdo não é certamente popularizado e/ou não tem em conta as necessidades destas populações. Esta situação está a criar verdadeiros conflitos na zona.

A análise dos actores diz respeito a grupos como as comunidades, o governo ou o sector privado, que se supõe serem completamente homogéneos. Mas é evidente que estes grupos não são homogéneos.

1-2-4-1-2-O conceito de governação

O conceito geral de governação aplica-se a vários domínios e o seu significado depende da especificidade disciplinar de quem o utiliza. Neste caso particular, tentaremos clarificá-lo através da sua etimologia, da sua história e da sua utilização como ferramenta concetual na nossa investigação.

O significado da palavra "governação" é muito variável. Atualmente, o termo é frequentemente utilizado em inglês e francês, sem que o seu significado seja claro. Charlotte Gisele Kouna Eloudou (2012) descreve a governação como um "conceito vago, ambíguo, abrangente, com conotações ideológicas e fraca capacidade de análise, que surgiu num contexto internacional particular". É vista como "a última de uma série de reformas do Estado propostas aos países do Sul". Para Moreau DEFARGES (2011), a governança, tal como a descentralização, tem vários significados e presta-se a muitos usos. Estes significados e utilizações são por vezes contraditórios e evoluíram ao longo do tempo, em função do contexto (político, económico, cultural), dos utilizadores e dos sectores de atividade. [11] O INRETS (2009), fala mais sobre a dimensão institucional do conceito. De acordo com esta instituição, a governação é frequentemente apresentada como parte integrante do conceito de desenvolvimento sustentável. Mas não nasceu com ele.

1-2-4-1-2-1- O contexto emergente da governação

O conceito de governação deriva do verbo grego "kubernan", que significa "dirigir um navio ou uma carruagem". Foi utilizado pela primeira vez de forma metafórica por Platão para descrever o ato de governar os povos (INRETS, 2009). Deu origem ao verbo latino *gubernare,* que tinha o mesmo significado e que, através dos seus derivados, incluindo *gubernantia,* deu origem a numerosos termos em várias línguas:

Em francês antigo, "gouvemance" foi utilizado pela primeira vez no século XIII como equivalente de "gouvernement" (a arte ou a maneira de governar) e depois, a partir de 1478, para designar territórios com um estatuto administrativo especial. No século XIV, foi utilizado em inglês para dar origem ao termo *governance;* em português, *governação;* e em espanhol, *gobernanza.* Diz-se que

---

[11] Instituto Nacional de Investigação sobre os Transportes e a sua Segurança.

foi utilizado principalmente no sentido de "governo", mas com o mesmo significado que em francês (Jean Pierre GAUSSIN, 2002).

Todos estes termos caíram posteriormente em desuso, em alguns casos (França, Portugal) por estarem associados ao Antigo Regime.

A palavra inglesa *governance* voltou a estar na moda no final dos anos 30 no contexto empresarial. Os partidários da democracia participativa local, que se inspiram nos movimentos sociais urbanos e nas ideologias de autogestão dos anos 60 e 70, parecem ter sido os primeiros a reutilizar a noção de governação.

Numa terceira fase, os técnicos envolvidos na modernização da gestão pública provêm de um quadro ideológico diferente, seguido, a partir de 1989, pelas grandes instituições de ajuda ao desenvolvimento, nomeadamente o Banco Mundial, que foram os agentes decisivos na popularização do termo.[12] *A governança* foi então adoptada pelos analistas académicos e mundanos da globalização e dos regimes internacionais, e depois pela Comissão Europeia, sob a forma de um conceito verdadeiramente construído.

Nos anos 80 e 90, a noção de governação adquiriu um interesse renovado e penetrou nos domínios da política e do desenvolvimento. Nos anos noventa, a noção de governação ganhou um interesse renovado e penetrou também no domínio do ambiente. Este interesse renovado está ligado a uma série de factores: as crises financeiras e os fracassos dos Estados na gestão dos problemas colectivos, o declínio da soberania do Estado e da governação tradicional e as dificuldades de "governabilidade" das sociedades modernas (Charlotte Gisele Kouna Eloudou, 2012). Outros factores contribuíram para este interesse renovado, incluindo os resultados mistos da globalização e a reestruturação dos níveis de tomada de decisão no contexto da globalização (ibid.). Além disso, esta emergência foi favorecida pela institucionalização do mercado como espaço de regulação, pela globalização e pela ascensão de actores não estatais. As fortes críticas da sociedade civil às instituições multilaterais, a emergência de uma nova gestão da ação colectiva e as dificuldades de "direção política" num contexto multi-actores são também factores que justificam o interesse renovado pela governança.

A participação efectiva de todas as partes interessadas é um dos pilares essenciais para iniciar o desenvolvimento sustentável. O objetivo é assegurar que todas as partes interessadas estejam envolvidas na gestão dos recursos naturais em geral e dos recursos florestais em particular. Isto permitiria às comunidades de base assumir o controlo dos seus próprios recursos e dar a todos a oportunidade de se exprimirem livremente no âmbito da boa governação

---

[12] As nossas reflexões sobre a história e a etimologia do conceito de governação inspiram-se essencialmente nos trabalhos citados em INRET, (2009), onde foram consultados vários autores.

florestal. Esta última é definida como um conjunto de regras e de mecanismos de reforço, bem como de processos interactivos que regulam as actividades dos intervenientes para um fim concertado. É também vista como o estabelecimento de processos, regimes e estruturas de gestão partilhados, tanto informais como formais, que facilitam a coordenação, a preocupação e a complementaridade entre governos e organizações no mesmo domínio.

Alguns acreditam que a boa governação é, sem dúvida, o fator mais importante para eliminar a pobreza e promover o desenvolvimento sustentável. Em todo o caso, permite que as partes interessadas a todos os níveis participem na gestão dos recursos florestais.

Mas o processo não é isento de dificuldades, uma vez que cada interveniente procura disfarçar os seus próprios olhos. Assim, para ultrapassar as deficiências e os impactos da governação florestal local e assegurar uma gestão florestal sustentável, é importante situar as questões de gestão florestal num quadro de governação mais global. A governação florestal tornou-se possível graças à pressão exercida pelas populações locais e pela sociedade civil sobre os governos e a comunidade internacional, que sentiram a necessidade de promover uma gestão sustentável e participativa dos recursos florestais através da adoção de medidas políticas, legislativas e regulamentares importantes para favorecer a responsabilização efectiva das populações locais. Hoje, este arsenal político, legislativo e regulamentar constitui a base de uma mudança de visão e de abordagens estratégicas destinadas a promover a gestão sustentável dos recursos florestais e a envolver as populações locais e as organizações da sociedade civil. (*synapse.uqac.ca/wp.../Forets_and_humans_Complete_Study_Chap_05.pdf*)

De acordo com Abdelilah Baguard et al, (2012, p. 4) *"na gestão florestal, a participação das partes interessadas nos processos de tomada de decisão é reconhecida como uma abordagem que pode assegurar a gestão sustentável dos ecossistemas florestais, tendo em conta a sua multifuncionalidade"*.

Na sequência da Conferência do Rio de Janeiro, todos os países signatários exprimiram a sua vontade de realizar uma boa governação dos seus recursos florestais. Tal pressupõe a tomada de consciência e a participação responsável de todos os intervenientes na procura de soluções racionais para os problemas de desenvolvimento económico, social e cultural.

Foram estabelecidos princípios fundamentais, incluindo a descentralização do processo de tomada de decisões e a capacitação da população através de uma abordagem participativa inclusiva, a fim de criar bases sólidas para um desenvolvimento humano sustentável a nível mundial.

Desde a conferência do Rio de Janeiro, em 1992, passando por Joanesburgo, em 2002, e Quioto, em 2012, sem esquecer a conferência de Nagóia, em 2010, sobre a Convenção sobre a Diversidade Biológica, foram tomadas muitas decisões relevantes, mas a sua aplicação em alguns países é insuficiente. Na África Ocidental, por exemplo, a cobertura vegetal está estimada em 72 milhões de hectares, ou seja, 14% da superfície terrestre. No entanto, a taxa de desflorestação é mais elevada do que a média mundial (FAO, 2009).

1-2-4-1-2-2- EVOLUÇÃO DA SUA UTILIZAÇÃO

Os desafios da gestão sustentável dos recursos naturais tornam imperativa a alteração da legislação e das práticas na maioria dos países africanos. Na África Ocidental, a gestão autoritária e centralizada da terra e dos recursos naturais, herdada da colonização, dá cada vez mais lugar a mecanismos de gestão concertada e descentralizada (Adam Malam KANDINE, 2008). Por outras palavras, o vento da democratização política que soprou no continente africano nos anos 90 levou os poderes públicos a rever as principais políticas públicas, incluindo as relativas à posse da terra e à gestão dos recursos naturais. No que diz respeito à gestão dos recursos naturais, é de notar que o contexto internacional também evoluiu consideravelmente, nomeadamente com a adoção de várias convenções que estabeleceram princípios fundadores que obrigam os Estados signatários a alterar as suas políticas neste domínio. Segundo Adam Malam KANDINE, o conceito de governança em África nasceu ou foi reativado ao mesmo tempo que o conceito de gestão participativa, ou seja, em 1990. De facto, a transparência e a boa governança são vistas em África como duas exigências fundamentais impostas pelo Fundo Monetário Internacional (FMI) e pelo Banco Mundial no âmbito da implementação dos famosos Programas de Ajustamento Estrutural (PAE) a que a maior parte dos países da África Subsariana foram submetidos a partir dos anos 1980. [13]Esta exortação a uma melhor governação coincide com a abertura da democracia, que não só impõe uma concorrência eleitoral pluralista, mas também autoriza a participação de várias categorias de actores não estatais na gestão dos assuntos públicos. Por conseguinte, o conceito de (boa) governação não poderia encontrar um terreno mais favorável para a sua aplicação. Catherine Baron (2003) sublinha o aspeto funcional do conceito de governança em África. [14]Define-a como "a arte ou a maneira de governar, promovendo uma forma original de gerir os assuntos num ambiente caracterizado por uma pluralidade de actores (uma empresa, um Estado, uma coletividade local, uma organização não governamental, uma associação ou um organismo internacional), cada um dos quais com poder de

---

[13] Ver, Koffi Allinon, societe civile togolaise face aux défis de transparence, de bonne gouvernance et d'efficacite : etat des lieux et perspectives, in Question de gouvernance, les cahiers de Mande Bukari, revue trimestrielle de l'universite Mande Bukari, N°04, 3eme trimestre 2006, P.4-13.

[14] Catherine Baron, "La gouvernance : débat autour d'un concept polysemique", in Droit et Societe, 54/2003, P.330.

decisão em graus diversos e de maneira mais ou menos formal" i . A aplicação deste conceito levou também os defensores da sua promoção a atribuir-lhe aplicações sectoriais. [15]Para a União Internacional para a Conservação da Natureza (UICN), a governança dos recursos naturais significa as interações entre as estruturas, os mecanismos e as tradições que determinam o modo como o poder e a responsabilidade são exercidos, as decisões que são tomadas e os indivíduos e outras partes interessadas que estão em posição de dar o seu parecer sobre a gestão dos recursos naturais - e, em especial, sobre a conservação da biodiversidade.

Segundo os estudos de Adam Malam KANDINE14 , o objetivo do conceito de governança é avaliar, positiva ou negativamente, a forma como os assuntos públicos são conduzidos. Um certo número de caraterísticas é utilizado para medir a ação dos diferentes actores, a saber: a definição de uma orientação clara, a transparência e os resultados reais. Mas devem também basear-se em direitos e valores humanos fundamentais, nomeadamente a honestidade e a equidade, bem como o empenhamento e a contribuição efectiva para a tomada de decisões. [16]

[17]A FAO, por outro lado, fala mais de responsabilidade, estabilidade política, eficácia no terreno, regulamentação e aplicação efectiva das leis. Assim, a aplicação concreta dos princípios de governação exige equidade, eficácia, transparência acompanhada de responsabilidade, sustentabilidade, empenhamento cívico e segurança.

1-2-4-1-2-3-Um conceito caracterizado pela sua polissemia

Na sua versão contemporânea, a governação é entendida num sentido mais lato do que o de "governo". É objeto de numerosas definições para as quais ainda não se chegou a um consenso. Georges PAQUET (2008) define-a como "uma coordenação efectiva quando o poder, os recursos e a informação estão amplamente distribuídos por várias mãos". Para ele, a governação "é simultaneamente uma forma de ver as coisas, uma ferramenta de diagnóstico e um instrumento de intervenção clínica: ajuda a detetar e a identificar a natureza das falhas, a compreender de onde vêm as avarias e a desenvolver medidas corretivas adequadas". Nesta visão, que remete para o poder e para a comunicação, a governação é um conceito "único",   "multifuncional", que é simultaneamente um método de observação, uma ferramenta/instrumento de

---

[15] IUCN, Congresso Mundial de Conservação, 3ª Sessão, Banguecoque, Tailândia, 17-24 de novembro de 2004.

[16] A nossa análise baseia-se no estudo realizado por Adam Malam KANDINE, em 2008, no Níger, sobre a Governança da Terra e dos Recursos Naturais: A Situação na África Ocidental. Neste estudo, ele sublinha os princípios fundamentais que caracterizam a governança em geral e nos países africanos em particular.

[17] Ver o estudo realizado pela FAO em 2007 sobre a "Boa governação da posse e administração da terra".

identificação e de ação, e uma solução. Assim, Georges PAQUET considera que a eficácia da governança está condicionada à conjugação de esforços através da mobilização de recursos financeiros e humanos. No entanto, o modo de governança implementado em Ziama sofre de ineficácia.

De acordo com a Comissão sobre a Governação Global (CGG, 1995), a governação refere-se a "todas as diferentes formas através das quais os indivíduos e as instituições públicas e privadas gerem os seus assuntos comuns. É um processo contínuo de cooperação e acomodação entre interesses diversos e conflituosos. Inclui instituições e regimes formais dotados de poderes de execução, bem como disposições informais sobre as quais as pessoas e as instituições chegaram a acordo ou que consideram ser do seu interesse".

Ao analisar esta definição, a autora identifica três elementos principais: os actores e as suas interações, o consenso e os mecanismos de regulação dos processos sociais e de decisão. A definição pode ser criticada de duas maneiras. Refere-se apenas aos actores públicos e privados. No entanto, no contexto do desenvolvimento (local), existe uma diversidade de actores que não podem ser classificados apenas nestas duas categorias. Além disso, estes actores dispõem de recursos e de estatutos sociais diferentes e intervêm na criação e na gestão de bens e na prestação de serviços públicos ou colectivos. Além disso, na segunda parte desta definição, é o consenso que parece determinar a existência ou ausência de governança. Por outras palavras, não há governança ou há má governança sem consenso. No entanto, o facto de todas as sociedades produzirem decisões, normas e bens e prestarem serviços, em qualquer momento histórico e sob todos os regimes políticos em vigor, mostra que a governação existe em todas as sociedades (Olivier DE SARDAN, 2007).

Segundo Isabelle LACROIX et al (2012), no seu livro "Gouvernance": tenter une definition, definir um conceito tão amplo e uniforme como o de governação é um verdadeiro desafio. [18]Para ela, este termo é utilizado de "todas as formas", pelo que existe uma verdadeira necessidade de clarificação na literatura. Para o efeito, recorremos aos trabalhos e às contribuições de autores de diferentes domínios e disciplinas.

Muitos autores mencionam o aspeto indefinido do conceito de governação.

Para Jean Pierre Gaussin (2001), a governação refere-se mais à modificação da relação entre política e economia, ao passo que para Bernard Jouve (2006), refere-se mais ao questionamento da governabilidade das sociedades democráticas ocidentais tradicionais geridas por uma única autoridade central de tomada de decisões.

---

[18] Isabelle Lacroix e Pier- Olivier St-Amaud.
Professor de política aplicada na Universidade de Sherbrook.

De acordo com o Banco Mundial, a governação é o conjunto de tradições e instituições através das quais o poder é exercido num país com o objetivo do bem comum de todos [...].[19]

Esta definição parece-nos interessante na medida em que associa o exercício do poder à procura, identificação, classificação e gestão do bem comum.

A Comissão Europeia, por seu lado, apresenta uma definição adaptada ao contexto do desenvolvimento europeu, mas que, em nosso entender, oferece um certo potencial de generalização da sua utilização. Para esta instituição, "*a noção de governação refere-se aos regimes, processos e comportamentos que influenciam o exercício do poder a nível europeu, nomeadamente do ponto de vista da abertura, da participação, da responsabilidade, da eficácia e da coerência*".[20]

[21][22]A ONU, através do PNUD, propõe igualmente uma definição de governação suscetível de corresponder às realidades internacionais. Para este organismo da ONU, "*a governança pode ser vista como o exercício da autoridade económica, política e administrativa para gerir os assuntos de um país a todos os níveis. Compreende os mecanismos, os processos e as instituições através dos quais os cidadãos e os grupos articulam os seus interesses, exercem os seus direitos legais, cumprem as suas obrigações e medeiam as suas diferenças*".[23]

Esta definição evoca as regras jurídicas que regem esta abordagem, remetendo para a mesma lógica de participação e de empowerment. Mas um novo conceito está a emergir a este nível: a noção de gestão dos litígios através de uma forma de mediação.

[24]A CIDA propõe uma definição mais relevante que engloba diferentes noções, centrando-se em certas componentes da governação nos seguintes termos: "*a governação engloba os valores, os regimes, as instituições e os processos através dos quais os indivíduos e as organizações procuram atingir objectivos comuns, tomar decisões, estabelecer autoridade, legitimidade e exercer poder*". (http://www.acdicida.gc.ca/INET/IMAGES.NSF/vLUImages/Evaluations2/$fL1 e /Review of Governance Programming in CIDA-EN.pdf)

Esta definição parece-nos pertinente na medida em que coloca a tónica na noção de valor, de decisão, de legitimidade e de autoridade, que são de certa forma os garantes do poder. Ora, na zona de Ziama, a falta de legitimidade e de

---

[19] Esta definição é retirada de um relatório do Banco Mundial intitulado "Collaborative Governance" (Governação Colaborativa) em http: //www.worldbank. org/wbi/governance/eng/about-e.html#approach). Acedido em 04 de abril de 2014.

[20] http://eurlex.europa.eu/LexUriServ/site/fr/com/2001/com2001_0428en01.pdf

[21] As Nações Unidas.

[22] Programa das Nações Unidas para o Desenvolvimento.

[23] (http://mirror.undp.org/ magnet/policy/chapter1.htm#b).

[24] Agência Canadiana para o Desenvolvimento Internacional.

autoridade é total, uma vez que os recursos do maciço estão a ser vítimas de agressões humanas.

Segundo o economista Alain Beitone (2007, p 252), [a governação é] "*o conjunto de transacções através das quais as regras colectivas são elaboradas, decididas, legitimadas, aplicadas e controladas*".

De acordo com esta definição, a governação é um processo ativo que assume a forma de acções de vários intervenientes que orientam as decisões e, em última análise, as acções.

Numa perspetiva de ciência política, [a governação] "*refere-se a todos os procedimentos institucionais, relações de poder e métodos de gestão pública ou privada, formais e informais, que regem a ação política real*" (Guy HERMET, 1998, p114). Na sua definição, Guy HERMET acrescenta ao conceito de governação as noções de acções formais e informais, e estes dois níveis devem ser considerados como parte integrante da governação.

Philippe Moreau DEFARGES (2003), por seu lado, propõe uma abordagem que define este conceito em função do contexto em que nasceu.

Na sua opinião, a governação, tal como a globalização, é um conceito dos anos noventa. Esta "*noção de governação marca a emergência de novas formas de gestão das sociedades e das relações internacionais. A governação implica negociações permanentes, em pé de igualdade, entre os principais actores do sistema: Estados, organizações, empresas, etc. Com a governança, o campo social torna-se um espaço de jogo. Em vez de ditar as prioridades a partir do alto, o governo ou a autoridade limita-se a regular e a arbitrar. O objetivo da comunidade ou da sociedade já não é um grande desígnio transcendente, mas o livre desenvolvimento das actividades de todos*" (p. 96).

Segundo Patrick TRIPLET (2009), a governação é "um processo de coordenação dos actores, dos grupos sociais e das instituições com vista a atingir objectivos definidos e discutidos coletivamente".

Isabelle LACROIX et al, (2012), apresentam uma definição inspirada nas das instituições acima mencionadas. Reúnem os elementos-chave da governação consubstanciados nos conceitos de regras, processos, interesses, actores, poder, participação, negociação, decisão e implementação. São assim definidos da seguinte forma.

"*A governança é o conjunto de regimes e processos colectivos, formalizados ou não, através dos quais as partes interessadas participam na tomada de decisões e na execução de acções públicas. Estes regimes e processos, tal como as decisões que deles resultam, são o resultado de uma negociação consensual entre os múltiplos actores envolvidos. Para além de orientar as decisões e as acções, esta negociação facilita a partilha de responsabilidades entre todos os actores envolvidos, cada um dos quais possui uma certa forma de poder"* (Isabelle LACROIX et al, 2012, p 26).

Lamine Mandiang, (2008, p 2), por seu lado, define a governança da seguinte forma: *"a governança refere-se a uma forma de abordar a questão do governo que não atribui a propriedade à arte de governar e às técnicas de execução da ação, mas às relações entre os dirigentes e os dirigidos, em particular a sociedade civil e o Estado"*.

Desde a sua origem, a governação tem dois grandes domínios de aplicação: a governação empresarial e a governação política.

A governação empresarial é o conjunto de processos, regulamentos, leis e instituições que influenciam a forma como uma empresa é gerida, administrada e controlada.

A governação inclui também as relações entre os vários intervenientes (os *stakeholders*) e os objectivos que regem a empresa. Os principais intervenientes são os acionistas, a direção e o conselho de administração.

A governação da empresa permite que as partes interessadas e os parceiros da empresa "vejam os seus interesses respeitados e as suas vozes ouvidas na gestão da empresa".

Tal como a governação política, em que as sociedades são governadas pela democracia livre, refere-se às *interações entre o Estado e a sociedade, ou* seja, aos sistemas de coligação de actores públicos e privados.

Postula a introdução de novos modos de regulação mais flexíveis, baseados em parcerias entre actores públicos e privados. O objetivo deste processo de coordenação dos diferentes actores é "tornar *a ação pública mais eficaz e as sociedades mais fáceis de governar"* (Lamine MANDIANG, 2008, p. 3-4).

Apesar da diversidade de aplicações do conceito de governança, existe uma dinâmica comum na sua utilização. Assim, para a maior parte daqueles que o utilizam (sectores privado e público), ele denota um movimento de "descentralização" da tomada de decisão, com uma multiplicação dos lugares e dos actores implicados nessa decisão (Lamine MANDIANG, 2008). O autor prossegue a sua análise dizendo que a descentralização da tomada de decisão é a partilha ou a transferência da sede da tomada de decisão entre vários centros e actores. É o que exigem as comunidades ribeirinhas da nossa zona de estudo. Segundo elas, o seu ponto de vista será pelo menos considerado aquando da tomada de decisão e poderá ser influente.

Com base na nossa análise, tentamos definir o conceito de governação em relação ao nosso estudo da seguinte forma: *"A governação é o conjunto de regras e princípios que permitem gerir um assunto ou um lugar".* Deste ponto de vista, deve envolver a maioria dos actores: a sociedade civil (associações, cidadãos, etc.), as empresas do sector privado e as diferentes autoridades públicas. O objetivo da governação é *"melhorar a gestão e a eficácia de um assunto ou de um espaço através da participação das partes interessadas"* (dictionnaire geographique 2005, p. 183).

Com base no que precede, consideramos que, para gerir eficazmente os recursos do maciço de Ziama, todos os valores culturais desta comunidade devem ser tidos em conta.

1-2-4-1-3- O conceito de recursos

Sejam quais forem os tipos de recursos mencionados, damos prioridade aos recursos materiais que são relevantes para a nossa investigação.

A definição do conceito de recursos continua a ser um exercício complicado, ou mesmo ilusório, uma vez que se trata de um dos conceitos mais ambíguos da geografia. Tudo parece ser um recurso ou pode potencialmente tornar-se um.

Numa análise retrospetiva, os geógrafos e outros cientistas, no início do século XIX, atribuíram ao estudo dos recursos um lugar importante no desenvolvimento de um processo de conhecimento (observação, descoberta, classificação, enumeração). Foi nesta altura que a noção de recursos naturais se tornou mais evidente, com o início da revolução industrial.

No final do século XIX, a noção de recursos também desempenhou um papel importante na escola francesa de geografia inspirada por Paul Vidal de LA BLACHE.

A tradição cumulativa dos saberes foi-se desvanecendo progressivamente na geografia, ao mesmo tempo que a disciplina se tornava mais ilustrativa. Apesar de tudo, ela persistiu até meados do século XX.

Após a Segunda Guerra Mundial, o conceito de recurso manteve um lugar de destaque na disciplina. No entanto, o impacto ambiental do crescimento económico deu uma nova forma à análise dos recursos naturais. As ciências económicas estão a renovar profundamente os termos do debate. A relação entre o pensamento económico e os problemas dos recursos sofreu profundas alterações entre o início do século XIX e o final do século XX.

Atualmente, consideramos que o conceito de recursos está na base da análise interdisciplinar e condiciona o conteúdo de qualquer tentativa de modelização.

1-2-4-1-3-1- abordagens económicas

Para os economistas, para dar uma definição ao conceito de recurso, temos necessariamente de remeter para a análise do valor. Para eles, quando algo é competitivo, atrativo ou cobiçado, torna-se automaticamente um recurso. (Por exemplo, a água, as florestas e até os móveis).

O economista Le Robert define os recursos como "os meios materiais de existência". Para ele, se estes meios fossem em quantidade perfeitamente ilimitada, igualmente acessíveis e gratuitos, tudo o que existe constituiria um recurso; não haveria qualquer problema nem na definição do conceito, nem, a fortiori, na gestão dos recursos. No entanto, não é esse o caso. Por conseguinte, para evitar qualquer confusão, é necessário clarificar o conceito.

É muito difícil encontrar definições do conceito de recurso nos escritos dos economistas. Estes utilizam conceitos relacionados em função do contexto económico e social, que podem ser implicitamente substituídos pelo conceito de recursos. Assim, para definir um recurso, é necessário questionar a pertinência da sua evolução.

ᶜPara os fisiocratas do século XIX, e em particular no Tableau Economique (1759) de François QUESNAY, a única fonte de riqueza é a terra, a única que produz valor e, por conseguinte, um suplemento de rendimento líquido.

A definição de François Quesney é insuficiente, uma vez que o autor apenas considera a terra como um recurso, excluindo as florestas, a água, a energia e muitos outros.

Para Adam Smith (1776), a riqueza das nações é constituída por um fluxo que pode ser comparado ao rendimento nacional produzido durante um período ou, mais precisamente, por bens de consumo.

No postulado de Adam Smith, aparece a noção de tempo e de trabalho. Para ele, um recurso é produzido pelo trabalho do homem, e isso é feito num determinado período de tempo, de acordo com as necessidades que surgem.

Para Thomas Robert MALTHUS (1798), os meios de subsistência são limitados, pelo que uma utilização irracional conduziria ao risco de extinção. Por "meios de subsistência", entendemos os recursos que a natureza fornece ao homem (florestas, terra, água, energia, etc.).

David Ricardo (1819) desenvolveu a ideia de que a escassez de recursos era a causa do fim do crescimento económico. Para ele, o crescimento económico de um país dependia dos recursos à sua disposição. Quando estes se tornam escassos, nasce a instabilidade económica.

Para Thomas Robert Malthus, os limites do crescimento residem no custo da utilização dos recursos que uma sociedade pode suportar; para os Ricardianos, não existem limites absolutos para a escassez de recursos, mas apenas limites relativos ligados ao custo crescente da extração e da disponibilização dos recursos.

Segundo Jean Pierre BLOT et al (2004), no seu livro "Ressources", a noção de recurso é uma construção social e um dado pré-existente, que se torna uma interface entre elementos da ordem social e elementos da ordem natural. De acordo com esta abordagem, todo o recurso é o produto de uma relação: *"não há recurso em si mesmo"*. Para estes autores, um recurso não é, em primeiro lugar, o produto de uma relação económica, que lhe atribuiria um significado apenas através do seu valor de mercado.

Jean Pierre BLOT (2004) define a noção de recurso como "uma relação dinâmica com o espaço, resultante da interação entre um grupo de actores e o espaço físico" (P4).

Para o economista, o conceito de recurso só pode ser entendido em termos da relação funcional entre os elementos que o produzem e a sociedade que o utiliza. Esta relação depende estreitamente da tecnologia, do estado dos conhecimentos e do contexto económico e social [...] assim, o ecossistema não é um recurso, é apenas a sua condição de existência; um elemento do ecossistema só se torna um recurso quando tem um valor e quando o aproveitamos (Jean Pierre BOURD et al, 1993, p 279).

Durante muito tempo, os economistas consideraram os recursos naturais do planeta como inesgotáveis e como um dado adquirido de uma vez por todas. A principal consequência deste pressuposto teórico foi uma profunda falta de atenção ao impacto sobre o ambiente e, em particular, sobre as taxas de reprodução.

1-2-4-1-3-2- abordagem física

Segundo os físicos, o conceito de recurso não diz respeito aos materiais necessários à vida humana. Para eles, a definição de recurso muda cada vez que a humanidade transforma a sua tecnologia, cada vez que introduz novos princípios físicos, um novo domínio das forças naturais. Por exemplo, na antiga Mesopotâmia, o recurso "petróleo" ou "óleo de rocha" era considerado uma maldição para qualquer agricultor que o visse a aflorar nas suas terras. Na sua premissa, colocam a questão: será que o petróleo é tão inútil hoje como era ontem? Em apoio do seu argumento, afirmam que "a utilidade crescente do petróleo hoje em dia pode ser explicada pelo facto de o homem ter sido capaz de penetrar nos segredos da natureza". Na sua opinião, ao interagir com a natureza, o homem dominou certos tipos de produtos (crómio, zinco, ouro) que a natureza continha em si mesma. Desenvolveu-os, transmitiu-os aos seus irmãos e utilizou-os para melhorar a natureza.

A exploração mineira, a silvicultura, a navegação e a agricultura continuam a depender demasiado dos caprichos da natureza. Algumas nações são ricas nestes recursos, mas carecem cruelmente de outros, e vice-versa.

Graças ao domínio da energia nuclear (fissão e, em breve, fusão), a humanidade já é capaz de eliminar a alegada escassez mundial de água doce e de irrigar qualquer parte do mundo. No domínio dos minerais (metais, etc.), um grande número de laboratórios em todo o mundo está a desenvolver técnicas de transmutação atómica controlada para obter um material a partir de outro.

Assim, quando todos estes projectos tiverem atingido a maturidade, a humanidade estará livre dos caprichos da natureza: onde quer que decida parar, poderá, em princípio e com a ajuda dos seres vivos, produzir tudo o que necessita a partir dos materiais diretamente ao seu alcance. [25]Assim, enquanto a humanidade existir, os "recursos" são inesgotáveis.

As suas reflexões giram em torno da capacidade de criação do homem. Esta reflexão parece-nos pertinente, na medida em que colocam a tónica na criatividade humana. Para eles, o único recurso da natureza é a criatividade humana, e é com ela que nos devemos preocupar. Na sua análise, encontramos a noção de recurso humano, que eles descrevem aqui como o recurso primário.

1-2-4-1-3-3- Tipos de recursos

Seja qual for a abordagem utilizada, existe uma diversidade de recursos, incluindo recursos materiais, recursos imateriais, recursos patrimoniais e recursos morais.

Os recursos materiais incluem os recursos naturais, dos quais os recursos florestais são um deles, e os recursos humanos. Por uma questão de exatidão, a nossa análise centrar-se-á nos recursos naturais, com uma breve referência aos recursos humanos.

1-2-4-1-3-3- 1-Recursos naturais

Os recursos naturais são os elementos da natureza de que uma comunidade dispõe para viver e desenvolver actividades económicas. Por outras palavras, os recursos naturais são os vários recursos minerais ou biológicos necessários à vida humana e à atividade económica. [26]De certa forma, um recurso natural é uma substância, um organismo ou um objeto presente na natureza e que é, na maioria dos casos, objeto de uma utilização acrescida para satisfazer as necessidades (energia, alimentação) do homem, dos animais ou das plantas. Existem dois tipos de recursos naturais: os renováveis e os não renováveis.

Os recursos renováveis são recursos que podem ser substituídos com relativa rapidez ao longo da vida humana. Estes recursos são frequentemente fontes de energia e elementos essenciais à vida humana, como a água, o sol, o vento, o fluxo de calor interno da Terra (geotermia), as plantas (biomassa) e os animais selvagens. No entanto, o consumo excessivo ou a degradação podem levar ao seu desaparecimento ou dificultar a sua utilização (espécies animais e vegetais, florestas primárias, bombagem excessiva e/ou poluição das águas dos lagos e dos oceanos, etc.).

Os recursos não renováveis incluem as matérias-primas minerais (bauxite, prata, areia, potassa, fosfatos e diamantes, etc.) e os combustíveis fósseis (petróleo,

23www.larecherchedubonheur.com/article-10507175.html
[26]*(http://www.fr.wikipedia.org/wiki/Ressource_naturelle)*

betume, gás, carvão, etc.), que provêm de depósitos formados ao longo da história geológica da Terra e representam um stock inerentemente finito.

Os recursos naturais incluem também aqueles que ainda não foram explorados, normalmente designados por "reservas". As reservas são geralmente utilizadas para descrever os recursos não renováveis, como os minérios e os combustíveis. Dadas as possibilidades técnicas de extração e as condições financeiras, podem ser explorados num dado momento no futuro. Existem dois tipos de reservas: as reservas certas, em que os depósitos estão claramente identificados e delimitados, e as reservas prováveis.

De acordo com o critério "reponível/irreponível", os recursos naturais podem ser classificados em três categorias, incluindo o valor económico, a vitalidade e a renovabilidade [27].

Valor económico

De acordo com os economistas clássicos, uma matéria-prima pode ser considerada um recurso quando tiver adquirido um valor económico ou de mercado.

Os recursos vitais têm em conta determinadas caraterísticas mais ou menos vitais. Entre eles contam-se o oxigénio da fotossíntese, a água potável e tudo o que comemos, bem como uma grande parte das fontes de energia (combustíveis fósseis e biomassa), os medicamentos, os têxteis e o papel.

Renovabilidade

Esta tipologia baseia-se nas exigências do desenvolvimento sustentável. Classifica os recursos naturais de acordo com o facto de serem ou não renováveis. O objetivo é garantir que os recursos são utilizados de forma sustentável, de acordo com os critérios ambientais, sociais e económicos do desenvolvimento sustentável.

1-2-4-1-3-3-2- Recursos humanos

Os recursos humanos, ou RH, tiveram origem nos economistas, e o conceito remonta à Revolução Industrial em Inglaterra. Por vezes, utilizam a expressão "capital humano" para o descrever.

Desde Adam Smith, a maioria dos economistas reconhece que as competências da mão de obra de um país são um dos seus activos competitivos mais importantes.

[28]Os Recursos Humanos são um departamento da empresa dirigido por um Diretor de Recursos Humanos (ou, por vezes, pelo Diretor-Geral ou pelo Diretor Financeiro e Administrativo nas empresas mais pequenas), que é responsável

---

[27] Para esta classificação, baseamo-nos na obra de Georges ROTILLON, intitulada "Economie des ressources naturelles", 2005, 124 p.

[28] (http://www.jobintree.com/dictionnaire/definition-ressources-humaines-123.html)

pela gestão administrativa da força de trabalho .

[29]De acordo com a definição da OCDE, o capital humano abrange todos os conhecimentos, qualificações, competências e caraterísticas individuais que facilitam a criação de bem-estar pessoal, social e económico. É um ativo intangível que pode aumentar ou manter a produtividade, a inovação e a empregabilidade. Joseph STIGLITZ afirma o seguinte: *"O capital humano são as competências e a experiência acumuladas que tornam os trabalhadores mais produtivos" (2007, p. 190)*.

Samuelson NORDHAUS, (2000), acrescenta que é "o conjunto de conhecimentos e competências técnicas que caracteriza a força de trabalho de uma nação e que é o resultado do investimento na educação e na formação".

1-2-4- Modelo de análise

Neste estudo, adoptamos um modelo de análise a partir do qual será elaborado um questionário. Acreditamos que tal facilitará o trabalho de campo. Por modelo de análise entendemos um conjunto estruturado e coerente de conceitos, com as suas dimensões e indicadores, que se articulam entre si.

Raymond QUIVY et al (1995) definem o modelo de análise como sendo o prolongamento natural da problemática, articulando de forma operacional os pontos de referência e as pistas que serão conservadas para presidir ao trabalho de aperfeiçoamento e de observação. É constituído por conceitos e hipóteses estritamente articulados para formar um quadro coerente.

Na sua opinião, construir um modelo de análise significa desenvolver um sistema coerente de conceitos e hipóteses operacionais.

Consideramos que a concetualização é uma das principais dimensões na construção do modelo de análise, porque sem ela é impossível imaginar um trabalho que não se perca na indefinição, na imprecisão e na arbitrariedade.

Segundo Raymond QUIVY et al, a concetualização é uma construção abstrata destinada a dar conta da realidade. Retém apenas o essencial da realidade em causa do ponto de vista do investigador; é uma construção selectiva.

Este trabalho exige, portanto, que se concebam as dimensões que o compõem e que se especifiquem os indicadores através dos quais as dimensões podem ser medidas.

Estes autores distinguem dois tipos de conceitos operacionais. Por um lado, há os conceitos isolados, construídos empiricamente com base na observação direta ou em informações recolhidas. Por outro lado, existem os conceitos sistemáticos, construídos por um raciocínio abstrato e caracterizados, em princípio, por um maior grau de rutura com os preconceitos e pela ilusão de transparência.

---

[29] Organização para a Cooperação e Desenvolvimento Económico.

Como já foi sublinhado, o objetivo deste modelo de análise que estamos a adotar é, por um lado, determinar e caraterizar o desempenho das regiões de gestão dos recursos naturais e o seu impacto na vida das populações; e, por outro lado, comparar as regiões com a realidade socioeconómica das populações que vivem dos seus recursos.

Para o efeito, optámos por uma abordagem participativa, uma vez que esta tem em conta o empowerment das populações locais e a sua participação nos órgãos de decisão.

A nossa hipótese estabelece relações entre três conceitos: O conceito de actores, a governação e os recursos.

DESENHOS	DIMENSÕES	INDICADORES
Governação	-partilha de poder	Participação da comunidade na tomada de decisões ; -Ter em conta as necessidades das pessoas
	Desenvolver e partilhar técnicas e tecnologias respeitadoras do ambiente	-Adaptação dos instrumentos às necessidades da população - Mobilização dos instrumentos de gestão
	-Promoção do financiamento rural	Incentivo a actividades geradoras de rendimentos fora da exploração agrícola - Reduzir a pressão sobre os recursos florestais -Capacitação das comunidades locais
Jogadores	-Instituições -Jogadores locais -Status	Apoio às comunidades de aldeia a partir de zonas impostas sem ter em conta o ambiente socioeconómico (fora das regras comunitárias) -Cada participante deve estar familiarizado com o conteúdo das regras estabelecidas; -Cooperativa da aldeia - Envolvimento da população local na gestão dos seus recursos ; - Elaborar as suas próprias regras de gestão - Os indivíduos organizam-se para resolver problemas de recursos comuns, mas os apropriadores sempre estabeleceram regras que limitam as acções que lhes são permitidas; - Transferência de poder para as comunidades; - Esta transferência de poder deve ser acompanhada de capital; - Compromisso do Estado através de medidas de proteção do maciço; - Se as medidas selecionadas forem demasiado repressivas, isso
	-Envolvimento dos jogadores	pode dar origem a conflitos entre as diferentes partes (administradores e comunidades);

		- Participação eficaz de todos os decisores a todos os níveis; - Se todos, ou quase todos, seguirem as regras, as unidades de recursos serão afectadas de forma previsível e eficiente; - Os níveis de conflito serão reduzidos; - O próprio sistema de recursos é mantido ao longo do tempo;
Recursos	-Acesso livre	- O número de dotações não está limitado; - Propriedade independente ; - Dissipação endémica de recursos; - Ninguém tem o mínimo incentivo para deixar as unidades a outros; - Ocorre violência física; - formas de resolução da violência ;
	-Acessa fermë ou limite	Um grupo bem definido é o proprietário; -Operação conjunta -Controlo ; -Os proprietários têm incentivos que dependem das regras que regem os recursos

CAPÍTULO II

O MASSIUM FLORESTAL DO ZIAMA: um
um ecossistema com problemas diversos e complexos

A gestão sustentável de um recurso requer o estabelecimento de princípios ou leis que sirvam de base para garantir e preservar o ideal estabelecido para essa gestão. Estes princípios devem ser implementados e monitorizados para avaliar o impacto das acções sobre as populações locais e o ecossistema em questão. [2]De acordo com Barre KOIVOGUI 2014, *"não se pode gerir uma floresta com todos os seus recursos sem primeiro ter um plano de gestão"* 8, o que significa que o plano de gestão é um documento no qual são mencionadas as linhas gerais destes princípios ou leis para uma melhor organização das acções de forma a gerir racionalmente os recursos que uma floresta contém. [30] [31]E acrescenta: *"O plano de gestão ainda não é bem conhecido pelos silvicultores guineenses"*.

Como David BOLLIER (2012, p12) afirma: *"o maior valor dos recursos comuns é a sua capacidade de nos ajudar a afirmar outro eixo de valor [....]; por isso, vejo os recursos comuns como altamente generativos. Criam todo o tipo de valores - recursos materiais, ligações sociais, um sentido de identidade e de pertença"*.

Neste sentido, a floresta de Ziama dispõe de um plano de gestão desde 1991, no qual foram desenvolvidas estratégias de identificação dos recursos, das formas vegetais e das preocupações das populações locais, com vista a uma gestão participativa e concertada através de um inventário planeado e executado.

2-1-Da terra de aldeia à classificação: uma sucessão de diferentes mudanças

A gestão dos recursos florestais de Ziama, como de qualquer outra floresta classificada, deve basear-se no conhecimento da relação entre a floresta e as aldeias vizinhas, ou seja, no conhecimento da história da região e das diferentes relações que as pessoas tinham antes de ser classificada. De acordo com as nossas análises baseadas nos escritos de James HEATHER (1994) e nos nossos levantamentos de campo, a maior parte das nossas florestas classificadas atualmente foram outrora locais de habitação. A existência de ruínas de antigos sítios de aldeias em certas partes da floresta atesta a presença de uma ocupação camponesa anterior à classificação da floresta. Um exemplo da ocupação antiga destas florestas são as pedras montadas que serviram de alicerces ou de locais de culto para certas aldeias.

---

[30] Extraído da entrevista dada ao Sr. Barres KOIVOGUI, gerente da sucursal de Ziama durante o nosso inquérito no terreno a 21 de agosto de 2014.

[31] Um silvicultor pode ser uma pessoa que explora as florestas para fins económicos, nomeadamente para a produção de madeira. Neste caso, é designado por silvicultor. Para efeitos da nossa investigação, um silvicultor é um trabalhador responsável pela manutenção e conservação das florestas, nomeadamente das florestas públicas.

[32] [33]Zolea KALIVOGUI , referindo-se à ocupação inicial desta floresta pelos agricultores, disse: *"Os nossos pais desbravaram esta floresta e, ao mesmo tempo, ajudaram a regenerá-la, plantando árvores de queijo à volta da aldeia"*. Quando os colonos chegaram, pediram que a floresta fosse classificada, com o acordo de algumas aldeias. No entanto, outras recusaram. Então, foi adotado um sistema para elas, o "forcing", acrescenta Zolea Kalivogui. *"Havia aldeias no meio da floresta e, com o sistema de forcing, essas aldeias saíram para se reagruparem à volta de Guebe. 31"*. O despovoamento provocado pelas guerras tribais, a conquista colonial e as doenças são factores que explicam o abandono de certas aldeias em Ziama.

[34]O maciço de Ziama abrange a região de Waima, composta por sete (7) aldeias de Tomas, incluindo Dandano, Paran, Goboëla, Koima, Irie, Boo e Baimani.

A oeste de Waima fica Ziama, outrora um reino cuja capital era Boussedou.

Ziama provém etimologicamente de "Ziema" de origem Toma, que por sua vez deriva de duas palavras "Zie" que significam (um marigot) situado em Kouankan. Este marigot foi durante muito tempo uma fonte de vingança para as populações locais e serviu de fonte de poder para o reino de Boussedou. E a palavra "ma" significa "ao lado". Assim, Ziema significa "ao lado do marigot". Ziema é o território atravessado pelo marigot de Zie. Neste marigot viviam os génios protectores de todo o reino. Durante as guerras tribais, foi anexado pelo reino Wassoulou de Samory Toure. Na altura desta anexação, a população fugiu. Alguns dos habitantes fugiram para a Libéria e para as montanhas. Finalmente, Ziema designa um povo que se estendia desde o Gurnee (Balloma, Sangolome, Kanssanka, Ngnalessou, Dopame) até à Libéria, precisamente a aldeia de Zegne. No país Toma, algumas pessoas escrevem-no como "Zyema" ou "Ziema", mas com a transcrição da franquia, escreve-se agora "Ziama".

A perturbação causada na floresta por todos os acontecimentos acima referidos terá sido a principal razão para a deslocação dos habitantes para outros locais. Atualmente, os habitantes desta floresta recordam as antigas ocupações dos seus antepassados. Por isso, exigem a devolução das suas terras, que consideram ser uma reserva.

2-2-Ziama, uma zona de teatro entre 1868 e 1909

De 1868 a 1909, a região de Ziama foi palco de violentas guerras tribais e

---

[32] Zolea Kalivogui, um dos netos do fundador, nascido em 1920, testemunha ter visto a floresta antes e durante a classificação.

[33] Guebe foi o fundador da aldeia de Irie, criada em 1770, e a cultura da hospitalidade que incutiu nos seus filhos permitiu-lhes acolher as aldeias evacuadas da floresta aquando da sua classificação pelos colonos em 1942.

[34] Waima era um reino com Koima como capital e o seu rei chamava-se Dowilnya BILIVOGUI, situado a sul de Kouankan. Atualmente, designa os Toma do sul, cuja língua utiliza frequentemente a sílaba "gui".

conquistas coloniais entre a população local e os colonos. Esta região, outrora densamente povoada e próspera graças ao comércio, entrou em declínio.

Antes da conquista colonial, a região era um importante centro de trocas comerciais entre as populações do norte (os Malinkes), do sul (Toma, Guerze) e do litoral. Quanto aos comerciantes malinke, estiveram sempre presentes nos mercados da região de Ziama. Acabaram por se instalar definitivamente na região. Foi assim que se estabeleceu um reino malinke chamado Bouzie, na margem direita do rio Diani, com Kouankan como capital.

Mesmo antes da conquista colonial, o país Toma foi dizimado por guerras tribais, especialmente a região Waima Tomas, que estava em conflito com os Malinkes (James HEATHER, 1994).

eme Estas guerras foram fatais para os Tomás, como salienta James HEATHER (1994, p. 13): "*Um grande número de aldeias dependentes que restavam do século XIX desapareceram completamente. emeBoo perdeu 21 aldeias satélites e Koima pelo menos 4; Kothia, uma importante aldeia fortificada do século XIX, que tinha ela própria aldeias dependentes, já não existe. Está situada no santuário estritamente protegido da moderna reserva de Ziama.*

2-3-Classificação da floresta de Ziama

Após a devastação total do país Waima Toma pelos colonos, estes ocuparam a região de Ziama.

Missões de conservação civilizadoras visitaram a floresta. O primeiro visitante chegou em 1909 e descreveu o carácter secundário de uma floresta

empurrando para trás uma região de Tomas em ruínas e dizimada para antigas terras agrícolas.

Trinta anos de ausência humana permitiram a regeneração da floresta e ele descreve a vegetação verde de Soundedou a Fassanconi, notando uma certa escassez de árvores de grande porte e de trepadeiras.

A floresta foi então visitada em 1942 pelo botânico e administrador florestal Adam.

Como já foi referido, estas guerras de sucessão e as migrações para o sul dizimaram a população Toma e destruíram muitas das suas aldeias. Presumivelmente, a floresta secundária Ziama durou quarenta (40) a sessenta (60) anos no total, data da intrusão Malinke.

Em 1932, pela primeira vez, os habitantes da região de Ziama viram o seu território reclassificado pela administração colonial francesa. Esta foi a primeira classificação desta reserva.

Aquando da demarcação desta floresta classificada de 119019 ha, a administração colonial solicitou a participação das várias aldeias ribeirinhas já existentes. Juntamente com elas, traçaram os limites de acordo com a sua importância ecológica, que na altura dizia respeito aos cumes das montanhas e aos cursos de água. Os limites foram traçados tendo em conta as zonas ecologicamente sensíveis. Acontece que, no interior desta floresta, existiam enclaves e aldeias ribeirinhas, das quais existem vinte e oito.

O problema atual é que, do ponto de vista humano, é difícil retirar estas pessoas da floresta sem medidas de apoio prévias, uma vez que têm todo o direito de aí viver. Conscientes desta realidade, os colonos adoptaram uma outra estratégia que lhes permitiria manter a floresta classificada e permitir que a população vivesse dos recursos do seu meio. O método adotado para o efeito foi o dos "enclaves". Consistia em conhecer a dinâmica da população em causa, o seu crescimento ao longo dos anos e fixar uma determinada área que a deveria servir.

Sabemos que havia 500 habitantes em Boo em 2014, por exemplo, e que deverá haver X em 2020 e Y em 2050. Finalmente, coloca-se a questão de saber se todas estas pessoas podem viver neste enclave a este ritmo de crescimento.

Parece-nos que não foram feitas previsões durante a época colonial. Se houve, o seu impacto não foi visível no terreno, porque as populações destes enclaves aumentaram consideravelmente e ultrapassam largamente a capacidade agrária dos terroirs das aldeias que existiam. Esta situação há muito que leva estas populações a reivindicar a posse da floresta para fins agrícolas. Barre KOIVOIGUI referiu-se a este problema nos seguintes termos durante o nosso inquérito de campo: "*O problema fundamental que tenho hoje com a gestão da floresta classificada de Ziama é o do enclave. Não tenho a solução por mim próprio. No entanto, estou a pensar e a propor soluções ao governo através dos meus superiores e, enquanto esperamos que o problema seja resolvido, o que é difícil e até impossível, temos de pensar em formas de permitir que estes tipos vivam felizes em casa sem transbordar as jaulas do seu enclave.*

Massa Guilavogui retoma as razões da classificação da floresta nos seguintes termos: "Para *os colonos, a floresta tinha de ser classificada para evitar a descida em massa dos Malinkes para o sul, que cultivavam a savana. Temiam a destruição de uma floresta selvagem que era suposto ser classificada*".

Por detrás desta ideia estava um objetivo económico para os colonos. Conservar as espécies florestais para apoiar as indústrias florescentes na Europa. É de notar que as razões económicas foram a principal razão para a classificação das florestas nas várias colónias.

O ato de classificação foi oficializado em 1942, mais precisamente em abril, com a autorização do Governador da AOF. Além disso, foi alargado para a produção de quinino, porque a região estava longe da costa para fins de exploração madeireira. Por conseguinte, foram criadas plantações de chá na floresta.

Segundo os antigos, o colonizador era carregado pelos negros em uma rede quando a floresta era demarcada.

[35]Em Seredou, por exemplo, a fronteira foi traçada ao longo do fio. Os carregadores dos colonos estavam cansados. Já não queriam carregar o mestre através da floresta; nalguns casos, como em Zoboroma, traçavam a linha da floresta não muito longe da aldeia.

Em 1943, os Tomás aperceberam-se de que a classificação da floresta servia apenas os interesses económicos dos colonos, e não para evitar a descida em massa dos Malinkes. Para eles, tratava-se de uma perda, pois a sua vida socioeconómica dependia da manutenção do pousio, que era regularmente renovado para fins agrícolas. Hoje em dia, o Ziama assume uma importância ecológica cada vez maior, deixando de ser um problema local ou nacional para passar a ser um problema mundial, pois é objeto de grandes projectos internacionais. Foi classificada como reserva mundial em 1981 pela UNESCO. O primeiro projeto de conservação foi financiado pelo Banco Mundial em 1988.

2-4-Entre as leis que regem as florestas classificadas e as práticas de gestão, a recorrência de vários conflitos

Os limites de acesso aos recursos e as regulamentações indígenas não podem ser verdadeiramente compreendidos se negligenciarmos os meios utilizados por aqueles que os controlam para tirar partido deles. Todos os modos de proibição, controlo e limitação são colocados sob a vigilância das autoridades consuetudinárias. Um estudo frontal destes métodos só pode produzir resultados limitados. Isto não quer dizer que os inquéritos não queiram revelar a verdade, mas muitas das proibições não são explicitadas. São óbvias para toda a comunidade da aldeia porque fazem parte das estratégias das famílias, das linhagens e da aldeia. É, portanto, através do estudo de todas estas estratégias que podemos, gradualmente, fazer luz sobre as diferentes formas de gestão dos recursos. De facto, a gestão dos recursos é um conceito exógeno na sociedade africana. Pascal REY (2007, p. 194) salienta que "*a noção de gestão de recursos é específica das nossas sociedades ocidentais e não é necessariamente entendida da mesma forma pelas sociedades africanas*". Os métodos de gestão indígenas não se baseiam num corpo de princípios rigorosamente ligados, mas assentam na ideologia e no sagrado e, consequentemente, *num "elemento de arbitrariedade, proibições e preocupações que não podem ser explicadas racionalmente*".

---

[35] O Wele é um rio que se encontra no interior de Seredou quando se sai de Macenta e que atravessa a sub-prefeitura na sua parte ocidental.

2-4-1-Prática habitual: o principal método de gestão da floresta Ziama

Ao longo da história, as sociedades inventaram e desenvolveram, sobretudo à escala local, métodos de gestão colectiva dos recursos naturais. Estes métodos constituíram um dos fundamentos da sua sobrevivência e riqueza (Olivier PETIJEAN, 2010). Nalguns casos, tratava-se de gerir a escassez relativa desses recursos e de evitar os conflitos que daí podiam resultar. A escolha de uma forma de gestão comum baseou-se na simples constatação de que permitiria a um maior número de beneficiários tirar maior partido dos recursos disponíveis, preservando-os para as gerações futuras e assegurando as condições de perpetuação e renovação das suas sociedades.

Com base no nosso trabalho de campo, parece que a maioria das aldeias que fazem fronteira com Ziama já existiam antes da classificação da floresta. No entanto, o modo de gestão que prevalecia antes da chegada dos colonos à região pode ter sido consuetudinário. Através do testemunho dos mais velhos, podemos ver que as pessoas viviam nesta floresta e mantinham ligações com ela de uma forma ou de outra.

Nessa altura, os recursos florestais eram geridos numa base consuetudinária ou tradicional, regida por regras comunitárias. Sehve KOIVOGUI refere que *"de acordo com o costume, havia proibições estabelecidas em todas as aldeias, estipulando que: ninguém podia cultivar até chegar aos rios, aos cumes das montanhas ou perto das aldeias; as crianças não podiam vaguear na floresta. Quanto à caça, era proibida de junho e setembro até dezembro. Esta era a forma de preservar o seu património. Quem ultrapassasse estas regras tinha de pagar uma multa em géneros. Por exemplo, uma lata de azeite vermelho, um bode, dez quilos de arroz e um frasco de vinho branco. Se recusasse, a pessoa em causa poderia ser isolada pela comunidade, ninguém a visitaria e, se tivesse produtos para venda, ninguém os compraria. Se fosse casado, os seus sogros tirar-lhe-iam a mulher. Tudo isto era uma forma de o chamar à razão"*. Aos olhos de muitos investigadores, esta é considerada a primeira forma de gestão dos recursos naturais. Pascal REY (2007) salienta que o poder tradicional na gestão dos recursos naturais é um fator significativo. Para ele, os termos "costume" e "tradição" referem-se a uma herança do passado cuja origem não está claramente circunscrita no espaço e no tempo, e que foi transmitida de geração em geração. Para nós, o poder tradicional ou consuetudinário define-se pela reiteração do ato fundador. Baseia-se em factos e crenças herdados dos antepassados.

Segundo Pascal REY (2007, p. 30), *"os poderes tradicionais assentam na terra sagrada, nos mortos como ilustrações gloriosas, no simbolismo derivado das figuras fundadoras e do tempo das origens e na liturgia política que rege a prática do poder"*.

A este respeito, Koi Guilavogui sublinha que "em *cada aldeia havia bosques de culto para homens e mulheres, bosques onde viviam os génios e onde estes eram venerados. Estes locais estavam interditos a qualquer atividade e eram uma forma de conservar a floresta. De facto, tornaram possível a existência de florestas naturais que permaneceram intocadas até hoje em algumas aldeias. À medida que as aldeias foram crescendo, as que lá estavam foram sendo deslocadas para outros locais".* Estes métodos tradicionais de conservação foram, no entanto, ganhando terreno nestas aldeias para manter os recursos da floresta. Note-se que, na altura, as florestas densas formavam a cintura em torno das aldeias limítrofes de Ziama, uma vez que cada família venerava as árvores de queijo porque eram portadoras de genes protectores e de chuva. [36]A FAO descreve o mesmo sistema *"nas florestas de Agdal, em Marrocos, as comunidades locais estabelecem as regras que regem os períodos autorizados, bem como os volumes e as espécies que podem ser colhidos; os infractores são obrigados a pagar uma pesada multa à comunidade local"* (FAO, 2012, p13). Este sistema fornece um quadro concetual global que integra os ecossistemas e os recursos naturais de um território, os conhecimentos e as utilizações, as regras e as instituições, bem como as percepções e as crenças. Mesmo na Namíbia, as florestas e a vida selvagem eram tradicionalmente protegidas como parte de rituais e acções sagradas.

A maior parte dos anciãos que entrevistámos durante a nossa investigação testemunharam a eficácia deste método de gestão. Segundo eles, permite uma melhor conservação dos recursos da floresta. A este respeito, Marcel Sow (2003) observa que o sistema de gestão tradicional permitiu, desde tempos remotos, a regeneração dos recursos florestais; uma gestão baseada em instruções religiosas, formuladas pelos anciãos da aldeia. Era respeitado à letra por todos os habitantes da aldeia.

2-4-2-Práticas de gestão do Estado

Durante o período colonial, as áreas protegidas eram geridas pelo colonizador que representava o Estado metropolitano nas diferentes colónias. No caso específico do Ziama, este método pode ser dividido em dois períodos.

2-4-2-1-Período de 1942 a 1990

As nossas florestas, cuja classificação começou em 1932, eram geridas diretamente pela administração colonial. Para justificar a sua presença, construíram bairros de habitação no interior das florestas. No caso específico de

---

[36] O termo "Agdale" é amplamente utilizado pelas sociedades pastoris do Norte de África para designar uma área, um recurso e as regras estabelecidas para a sua gestão, mas aqui tomamos emprestado os exemplos da FAO para Marrocos.

Ziama, parece-nos que estas cidades serviram como centros de aprendizagem dos conceitos de conservação e proteção da natureza. Nalguns casos, serviam de alojamento para os conservadores, para melhor vigiarem a floresta e os seus recursos. Algumas ainda existem atualmente, como estas.

Cidade histórica de Ziama
Fonte: Inquérito aos candidatos, setembro de 2014

Em África, a gestão florestal, enquanto processo de exploração organizado e planeado, remonta à primeira metade do século XIX, principalmente nos países da África Ocidental (Maya LE ROY, 2013). Os princípios da exploração florestal foram largamente apoiados por um corpus ideológico colonial. Para proteger os recursos naturais do Ziama da exploração pelos povos indígenas, as autoridades coloniais tomaram, desde cedo, medidas de proteção rigorosas. No entanto, as medidas tomadas a nível central e as práticas dos camponeses da região não coincidiam. Mas estas políticas florestais - a lei, o código florestal - foram impostas e perturbaram a organização socioeconómica das populações locais. Estas práticas de conservação não foram acompanhadas pelo respeito dos direitos consuetudinários. [37]As populações locais continuaram a explorar os recursos florestais de acordo com as suas tradições, muitas vezes em contradição com as regras da administração pública. Estas políticas incluem [...] a construção de um corpo técnico florestal (criação de serviços florestais coloniais), o desenvolvimento de serviços de ensino e de investigação das ciências florestais; a delimitação dos domínios florestais assegurando o acesso aos recursos e o seu controlo pelo Estado; o desenvolvimento e a utilização de tecnologias florestais e de práticas de exploração (Maya LE ROY, 2013).

Foi construída uma serração perto da floresta para produzir madeira, foi aberta uma grande plantação de quinino e foi construída uma fábrica para produzir chá. Todas estas instalações foram utilizadas para explorar os recursos da floresta, que constituía uma fonte de rendimento para os colonos.

---

[37] (www.unesco.org/mab/doc/savanna/doc/RapportFinal.pdf

2-4-2-2-Período de 1958 a 1990

Após a partida dos colonos, ou seja, após a independência, a maior parte da propriedade colonial reverteu para o Estado, que era o novo senhor do jovem Estado. O sistema de gestão dos recursos naturais em geral e dos recursos fundiários em particular manteve-se praticamente inalterado. Com efeito, as leis foram inspiradas nas do Ocidente em toda a África. Aos olhos de muitos observadores, tratava-se da herança colonial. Para alguns, tratava-se de uma continuação do sistema de gestão colonial, como afirma Dilys ROE, 2009, p 23. *"Em última análise, esta evolução da posse da terra tornou-se um dos principais motores dos movimentos de independência africanos que procuravam recuperar os seus direitos à terra e aos recursos. Recursos como a vida selvagem foram gradualmente colocados sob um regime regulador central, e os direitos das populações locais de utilizar os recursos foram gradualmente alienados"*.

As autoridades destes novos Estados copiaram e colaram em grande parte as políticas ocidentais em todos os domínios. Já em 1968, autores como Garret HARDIN encorajavam o controlo "estatal" da maior parte dos recursos naturais comuns, a fim de evitar a sua destruição. Martin YELKOUNI (2004), por exemplo, justifica a conservação destes recursos pelo seu papel ecológico. No caso específico de África, fazem parte de um conjunto de recursos geridos pelo Estado.

Após a independência, os direitos fundiários em muitos países, como o Gana, o Mali, a Costa do Marfim e Gurnee [...] em vez de serem descentralizados, tornaram-se ainda mais centralizados.

Quando a floresta do Ziama foi classificada em 1942, mesmo depois dos colonos, continuou a manter o estatuto de floresta classificada do Estado. Para isso, Barre KOIVOGUI refere que *"tudo o que se podia fazer era o facto de toda a gente saber que esta floresta estava classificada pelo Estado e que ninguém a devia destruir. Por isso, falou-se em plantar bambus chineses para servir de limite, e estas espécies cresceram para fazer uma boa faixa. Mas não foi implementada qualquer outra estratégia prática de gestão, com exceção da vigilância por parte dos agentes do Estado.*

A partir dos anos 70, as políticas públicas depararam-se com dificuldades de sucesso, porque estes recursos eram utilizados por uma grande população de baixos rendimentos, ou para a sua utilização concorrencial, pelo que a floresta sofreu várias pressões. Além disso, o Estado deixou de poder controlar as externalidades negativas devido a restrições orçamentais. Por conseguinte, a floresta foi sobreexplorada, o que levou à sua degradação. As populações locais deixaram de se sentir preocupadas com as concessões porque não foram envolvidas na elaboração dos regulamentos. Como salienta Sehve KOIVOGUI: "*As pessoas eram frequentemente apanhadas na floresta a apanhar espécies. Nesses casos, os guardas florestais pediam-lhes dinheiro e eles continuavam o seu caminho. No final, a floresta tornou-se como uma pele de pantera, em que toda a gente pagava alguma coisa para ter um pedaço de terra onde podia plantar todo o tipo de culturas.* Uma vez que a floresta foi desclassificada e negociada de modo a poder ser apropriada individualmente e depois utilizada para a agricultura, qualquer pessoa que tivesse meios podia comprá-la.

A lei, que estabelecia que a terra pertencia à pessoa que a desenvolvia, permitia à população o livre acesso à floresta e aos seus recursos, negociando com os guardas florestais o seu desenvolvimento. Muitas pessoas instalaram-se na floresta classificada para abrir vastas plantações de café, cacau e cola, nomeadamente os Malinkes, na sua maioria oriundos de Beyla. No início, eram trabalhadores contratados, mas acabaram por se instalar. [38]Em Avillissou, por exemplo, Moussa TRAORE conta: "*Viemos de Beyla por intermédio do nosso irmão Mamoudouba SOUMAORO, no tempo de Sekou TOURE. Nessa altura, trabalhávamos nesta floresta sem condições e cultivávamos cacau e café. Quando Lansana CONTE chegou ao poder, fomos expulsos da floresta em 1990.* Koi Guilavogui também sublinha este facto nestes termos: "*Houve também um em Sibata II, onde o Sr. Gruvogui tinha pedido ao governo da altura uma parte da floresta classificada para ser usada como plantação. Quando ele se instalou, alguns membros da sua família deixaram Sibata I para se estabelecerem aí. Seguiu-se Ballassou em 1979, com a ocupação do atual santuário.*

Esta fraqueza do Estado permitiu que muitas pessoas voltassem a atacar a floresta. Levou à degradação de uma grande parte da floresta, cerca de 3.000 ha, nos terrenos das aldeias vizinhas.

Pensamos que a gestão do Estado não deu verdadeiramente frutos porque se tratava apenas de vigilância e não de aplicação de medidas. Negociar as parcelas agrícolas com os guardas florestais da época dentro do perímetro da floresta classificada era uma prática quotidiana. Foi à luz de todos estes ataques que a administração florestal se apercebeu de que precisava de mudar a sua abordagem. Caso contrário, nos anos seguintes, já não estaríamos a falar da floresta classificada de Ziama. Um agricultor só podia entrar numa floresta classificada com autorização dos serviços florestais. Na altura do nosso inquérito, os documentos oficiais mostravam que terceiros tinham recebido autorização para se instalarem na floresta classificada.

---

[38] Moussa Traore é um dos sábios de Avillissou da comunidade de Mania que encontrámos durante o inquérito de 23 de agosto de 2014.

2-4-2-3-Os conflitos como indicadores da evolução de uma crise na gestão dos recursos comuns em Ziama

A floresta de Ziama foi outrora a encarnação da identidade cultural das comunidades ribeirinhas. Mas, desde 1942, esses laços culturais têm sido cada vez mais enfraquecidos pela classificação. Esta evolução conduziu a um conflito de interesses constante entre os diferentes actores envolvidos na vida da floresta. Desde 1992, todos tentam tirar o máximo partido da riqueza da flora e da fauna da floresta.

Por um lado, as comunidades reclamam a posse da sua propriedade, que para elas continua a ser um direito inalienável, e a exploração dos seus recursos é essencial para a sua subsistência. Por outro lado, a administração florestal está a fazer concessões que são contrárias às expectativas destas comunidades. Para os administradores, a floresta deve ser protegida contra qualquer agressão que possa pôr em perigo a vida das espécies animais e vegetais. Por outro lado, as comunidades consideram que a floresta é uma "dádiva de Deus" da qual devem retirar o seu sustento. Devem, portanto, ser deixadas a geri-la à sua maneira.

A reivindicação de terras ancestrais na região de Ziama não é nova. Remonta aos primórdios da escritura legal a que estavam sujeitas as terras cultiváveis dos Tomas.

Durante muito tempo, houve duas visões diametralmente opostas: por um lado, uma floresta virgem na África selvagem que tinha de ser conservada para garantir a sua continuidade, e esta conservação exigia uma classificação. Por outro lado (entre os Tomas), esta floresta, considerada selvagem e classificada para a sua conservação, invadia as terras agrícolas e os pousios. Além disso, o despovoamento e a ruína da região pela herança colonial eram um símbolo perpétuo de desolação e de perda de prestígio; as habitações abandonadas e os campos cobertos de vegetação selvagem recordavam aos aldeões a sua derrota.

As aldeias recenseadas após a conquista colonial mantiveram a sua reivindicação sobre a terra. Os seus descendentes continuam a apresentar estas reivindicações relativamente às suas terras ancestrais.

Estas reivindicações baseiam-se sobretudo no estatuto do fundador da família. Para os Tomas, mesmo que os seus antepassados já tenham morrido, as aldeias do passado foram abandonadas e arruinadas, mas a terra ainda existe. *"Esta terra é o nosso património, é isso que pedimos"*, diz Koikoi Guilavogui.

Em resposta a estes conflitos, os limites da reserva tiveram de ser modificados e esta foi reclassificada em 1943, dando às populações locais mais terras para cultivar perto das suas aldeias. Para a administração colonial, os interesses locais foram tidos em conta de forma satisfatória, pois os seus interesses foram considerados em termos de necessidades agrícolas imediatas e não de reivindicações territoriais a longo prazo.

Após a independência, a floresta passou a pertencer ao Estado. Durante a primeira república, a invasão foi generalizada devido à fraqueza dos serviços florestais. Esta fraqueza, entre 1970 e 1980, permitiu aos imigrantes Malinké obterem terras cedidas legal ou semi-legalmente pelos funcionários florestais. No entanto, estes modos de aquisição são contrários aos conceitos e às relações dos Tomas em matéria de direitos de atribuição de terras. Siba Kalivogui diz o seguinte: "*Pegaram nas nossas terras e venderam-nas a pessoas que não conhecíamos. No nosso país, só os primeiros a chegar têm autoridade para atribuir direitos de utilização a curto ou longo prazo a terceiros*". Este facto marcou o início de uma nova tensão entre os Tomás e os Malinkes, e também entre os Tomás e os conservadores.

Hoje, podemos constatar o empenho ativo de todas as comunidades locais, sob o lema "*os nossos antepassados instalaram-se nesta região, cultivaram-na e trabalharam para a sua produtividade*".

A reivindicação dos Tomás está longe de ser a curto prazo, na medida em que estão a falar de territórios outrora ocupados pelos seus antepassados.

No decurso do nosso inquérito, identificámos três tipos de conflitos: o conflito entre os animais e a comunidade, o conflito entre a comunidade e o Estado e o conflito intercomunitário. Estes conflitos serão ilustrados nos quadros seguintes

2-5-1-Conflito entre animais e pessoas

A classificação da floresta levou a um aumento do número de espécies animais em geral e de elefantes em particular. Os animais já não conseguem encontrar alimento nos 119019 hectares. Frequentemente, ultrapassam os limites da floresta e entram nas terras das aldeias em busca de alimentos. O mais comum é o elefante, que ameaça a sobrevivência da população local, que está proibida de tocar na maioria deles em alguns locais. Estes animais, totalmente protegidos, devastam os campos e até as colheitas. Como explica Koi Guilavogui: "*Em 2012, descobri que os elefantes tinham causado enormes danos em muitos campos em Boo, em resposta a um pedido da população local. Em seguida, apresentei um relatório ao governo através dos meus superiores, mas eles nunca vieram em auxílio das vítimas.*"

Os danos materiais em algumas aldeias são ainda muito elevados, mas a perda de vidas humanas é também muito preocupante. Em Boo, por exemplo, três vítimas destes danos terão morrido ao perseguirem um elefante.

O recrudescimento deste conflito começou quando a população de elefantes aumentou na floresta, provavelmente durante a guerra da Libéria em 1989. Sehve KOIVOIGUI comenta: "*Este conflito começou com a primeira guerra da Libéria em 1989, que levou os elefantes para o maciço de Ziama. Alguns deles eram domesticados, como os elefantes do Presidente Samuel da Libéria; como o parque foi saqueado, eles saíram para invadir a floresta. Nessa altura, alguns elefantes chegaram a subir até Irie durante o dia e à noite. Por vezes, passavam pela aldeia".* Em 1999, a população de elefantes era estimada em cerca de 141 indivíduos (Sarah SANDERS, 1999). Atualmente, o número de elefantes aumentou para 214 (CFZ). Com este número, há naturalmente uma necessidade de mais alimentos, o que leva estes elefantes a ultrapassarem os limites da floresta. Estes elefantes têm períodos propícios durante os quais saem da floresta em busca de alimentos. [39] Sory KOUROUMA explica: *"Os elefantes estão presentes de setembro a janeiro para devastar os nossos campos e na altura da maturação. Antes, conseguíamos produzir seis toneladas de bananas por dia de mercado, mas agora desistimos todos por causa destes elefantes. Queremos que Alpha Conde afugente estes elefantes, porque nos estão a cansar. Os nossos pequenos campos nas terras baixas estão a ser destruídos e é isso que está a causar o fosso da fome. Estes elefantes não ficam na floresta classificada, andam por todo o lado e nós não temos o direito de lhes tocar. Pelo menos se os conseguíssemos manter na floresta, estaríamos em paz.*

De acordo com os testemunhos recolhidos em Irie, os elefantes são um incómodo desde a fase de germinação dos campos de arroz até à colheita. Chegam mesmo a destruir os celeiros nos campos. No entanto, estes celeiros são utilizados não só para armazenar alimentos, mas também sementes para a estação seguinte. A colheita é guardada para ser debulhada e transportada pouco a pouco, dada a distância entre os campos e as aldeias. Estes elefantes são frequentes, mas sobretudo durante o período prematuro. Durante a estação seca, eles vêm investigar, mas nunca mataram ninguém, embora estes elefantes tenham feito duas vítimas em Irie, uma morta e outra ferida. O conflito entre os elefantes e as pessoas que vivem perto da floresta é muito preocupante para as comunidades locais devido à força da lei que os protege. Gbade BILIVOGUI salienta que *"não se pode matá-los; quando nos apanham, passamos muito tempo na prisão. O grande problema é que se cortarmos uma árvore, estamos safos, mas se formos um elefante, se não tivermos cuidado, arriscamo-nos a passar uma boa parte da nossa vida na prisão".*

Na maior parte das vezes, os danos causados por estes elefantes são reportados pelas populações locais, mas não são tomadas medidas para os compensar. Durante o nosso inquérito de campo, um grande número de pessoas locais expressou o seu descontentamento em relação a estes elefantes, pois eles causam danos às suas culturas nas proximidades da floresta classificada. Nalgumas

---

[39] Sory Kourouma é o presidente do distrito de Avillisou, com quem falámos no dia 23 de agosto de 2014, às 14h40m.

aldeias, como Irie e Avilisou, o conflito atingiu tais proporções que os aldeões escreveram às autoridades pedindo ajuda. Para alguns, se as autoridades não puderem ajudá-los a compensar os danos causados por estes elefantes, terão de os colocar em recintos fechados. O conflito entre humanos e elefantes está longe de ter terminado, uma vez que as duas partes não têm a mesma perceção do problema. A administração florestal considera que seria impossível manter estes elefantes num recinto. Para eles, os elefantes derrubam tudo no seu caminho. Barre KOIVOGUI afirma: "*O Estado não dispõe de recursos. Mesmo nos países mais desenvolvidos, não creio que isso seja possível, um elefante é um buldesert, certamente, eles têm estado em recintos electrificados. Também não é possível impedi-los de se reproduzirem*". A gestão deste conflito é extremamente delicada. Coloca mesmo os gestores da reserva contra os aldeões. Segundo os aldeões, os gestores são inteiramente responsáveis pela destruição dos seus campos. Como diz Koi Guilavogui: "*Não podemos dizer às pessoas que matem estes elefantes porque estão sob proteção internacional. Nem sequer devem pensar em matá-los. Por outro lado, não somos nós que permitimos que os elefantes devastem os nossos campos*. Ninguém quer assumir a responsabilidade pela presença de elefantes nos campos. Isto implica que o conflito não é reconhecido pelo Estado. Os aldeões querem que a responsabilidade seja estabelecida e aceite, mesmo que não haja danos imediatos. Esta falta de conhecimento leva os camponeses a defenderem-se à sua maneira para protegerem as suas culturas.

Quadro 4: Conflitos entre a comunidade e os animais predadores

Tipos de conflitos	Grau de recorrência	Duração (ano)	Número de campos destruídos	Perda de vidas	Início do conflito	Situação do conflito	Aldeias
Ekphants - Homens	Tres ëкyë	25	50	3	1990	Não resolvido	1пë
Ekphants - Homens	Tres ëкyë	24	100	0	1991	Não resolvido	Avilissou
Macacos - Homens	Tres ëкyë	24	0	0	1990	Não resolvido	Zoboroma
Agoutis - Homem	Tres ëкyë	25	0	0	1990	Não resolvido	Ballassou
Agoutis - Homem	Tres ëкyë	25	0	0	1990	Não resolvido	Zoboroma

Fonte: Inquérito aos candidatos, agosto de 2014
2-5-2-Conflitos entre a Comunidade e o Estado em matéria de bens públicos
O conflito que existe entre o Estado e as comunidades é sobre a propriedade

desta floresta. Existe uma disparidade surpreendente entre a perceção local da história, que determina as prioridades dos aldeões, e as dos conservacionistas. Segundo James FAIRHEAD et al (1994), existe um antagonismo em relação a esta floresta que remonta à sua criação e que não pode ser compreendido ou explicado fora do contexto histórico. Este conflito remonta a muitos anos. Alguns situam-no logo após a classificação da floresta. Em 1943, a administração colonial declarou uma parte da floresta para satisfazer as exigências da população local. Para outros, como os actuais conservacionistas, o problema remonta à época em que Sekou Touré afirmou que a terra pertencia a quem a trabalhava. Foi uma oportunidade para os camponeses se instalarem na floresta classificada e a tornarem sua propriedade. "*Tudo começou no primeiro regime, quando se tratava de pagar o imposto em géneros, mas eles diziam que a terra era de quem a desenvolvia, por isso as pessoas iam para lá e plantavam campos. Foi depois disso, com Lansana CONTE em 1991, que as pessoas começaram a ser despejadas, o que nos criou dificuldades, foi difícil, porque as plantações estavam lá*", diz Koi GUILAVOGUI. Atualmente, estes agricultores nem sequer são autorizados a manter as plantações na floresta classificada. Para as autoridades, deixar estas pessoas manterem as plantações seria uma oportunidade para alargarem as suas propriedades. Os agricultores devem, portanto, ser impedidos de cuidar das plantações nas florestas classificadas.

Sob a direção de Lansana CONTE, o Estado assumiu a gestão do maciço com controlos rigorosos e severos. Foram aplicadas medidas draconianas. Estas incluíam a expulsão dos agricultores da floresta e o abate das suas plantações. Na maioria dos casos, as pessoas foram expulsas. Desta forma, o Estado tornou-se o proprietário absoluto da floresta, concedendo apenas direitos de utilização aos camponeses. O homem mais velho da aldeia de Zoboroma disse o seguinte: "*O problema da floresta é complicado. Se vires que já não temos controlo sobre a floresta, é por causa dos oficiais florestais que vêm com papéis para demarcar a floresta. Se nos for dada a responsabilidade por esta floresta, estamos preparados para atuar no interesse da conservação. Se nos fosse atribuída a responsabilidade total pela gestão da floresta, poderíamos dar a garantia de que a protegeríamos. Mas enquanto a supervisão for deixada nas mãos do Estado, não podemos fazer nada.*"

Para a administração florestal, a população local não pode, em caso algum, ser totalmente responsável pela floresta. Na sua opinião, não possuem as competências necessárias para salvaguardar com êxito as espécies da reserva. Na sua opinião, os agricultores já violam a lei ao abaterem espécies florestais e espécies animais protegidas. Assim, confiar-lhes a gestão da floresta seria prejudicial para a conservação das espécies vegetais e animais protegidas pelo direito internacional.

Tudo o que compromete o conteúdo do código florestal em vigor para a proteção da floresta é automaticamente um conflito. Este conflito começou quando a floresta foi classificada. É por esta razão que a administração florestal tomou medidas para aplicar o código e elaborar planos de gestão sustentável.

[40]Os agricultores têm uma análise diferente da situação, como declara Kolouba DOPAVOGUI: "*O nosso regresso aqui não foi escondido; informámos as autoridades na altura e elas aceitaram-nos oficialmente. Ninguém pode dizer que não sabe. Quando chegámos, acolheram-nos de braços abertos, agora devem ajudar-nos a ficar aqui com os nossos filhos*".

Os agricultores continuam a reclamar a posse desta floresta. Em Zoboroma, por exemplo, um grupo de jovens insurgiu-se em 2011 para ir cultivar na floresta classificada. O prefeito de Macenta e os boinas vermelhas invadiram a aldeia. O lema dos jovens, como refere Maurice DOPAVOGUI, era "*não temos terra para cultivar, a floresta está lá, não funciona, não se faz em mais lado nenhum, até arranjar madeira para construir as nossas casas é impossível. No entanto, esta floresta pertencia aos nossos antepassados e eles* cultivavam-na". Os alegados recalcitrantes passaram dois a três meses na prisão em Macenta. Pagaram um milhão de francos guineenses cada um pela sua libertação. Desde então, ninguém tocou na floresta.

A administração florestal desconhece a presença de certas aldeias de enclave, como Ballassou. Segundo o CFZ, esta aldeia foi criada sem autorização. No entanto, a aldeia afirma ter obtido uma autorização oficial do governo da época em 1979 e, além disso, o local atual é onde os seus anciãos se refugiaram na montanha Balla devido às guerras tribais da época.

O problema mais grave em Ziama é o facto de, mesmo nas zonas em que as culturas são praticadas fora da floresta classificada, a sua utilização pela população local exigir uma taxa florestal, que é paga ao FC. Este montante ascende a um milhão por ano e por aldeia. No entanto, estas pessoas têm o direito de cultivar na parte da floresta conhecida como "floresta protegida".

Quadro ilustrativo dos conflitos comunitários e estatais

Protagonistas	Grau de recorrência	Ano de início	Aldeias
CF -população	Muito elevado	1990	Avillisou
CF - População	Muito elevado	1991 2011	Zoboroma
Acantonamento florestal _população	Muito elevado	2013	Irie
CF - população	Muito elevado	1990	Ballasou

---

[40] Koulouba Dopavogui é o presidente do grupo de jovens de Ballasou, que respondeu com grande entusiasmo às nossas perguntas.

Fonte: l'enquete du candidat, agosto de 2014

2-5-3 Conflitos intracomunitários

Atualmente, a zona de Ziama é uma zona de conflito perpétuo, na medida em que não passa um dia sem que surja um conflito entre pelo menos dois indivíduos de aldeias diferentes no meio do mato. Relativamente aos direitos de utilização concedidos às populações locais, o Estado tinha concedido terras baixas na floresta classificada. Estas terras baixas são frequentemente objeto de conflitos entre as comunidades das aldeias que confinam com a floresta, porque são simplesmente insuficientes.

Os agricultores utilizam as terras baixas principalmente para a subsistência. Trata-se de enclaves naturais cuja exploração, se efectuada corretamente, não deveria contribuir para a devastação da floresta. Nesta atividade, que a CAF considera como um direito de utilização, as pessoas lutam entre si por estas terras baixas, "*eu estava aqui antes, estou aqui hoje, etc.*". O centro florestal, que é um serviço técnico governamental de gestão florestal, intervém por vezes na gestão deste tipo de conflitos. Como no caso de Avilisou e Boo, duas aldeias contíguas, Malaweta e Chefkolydou. Em Malaweta, a situação é ainda grave, pois os conflitos são internos entre as populações locais.

De acordo com os testemunhos recolhidos em Avillisou, parece que o conflito Avilisou-Boo começou em janeiro de 2014 e tornou-se evidente em julho de 2014. Foi resolvido no mesmo mês (ver quadro em l'anexo). Amara Traore declarou: "*O terreno em litígio entre as nossas duas aldeias é de Boo e não de Avilisou, razão pela qual pedimos ao CFZ para resolver o litígio. O CFZ não tem mandato para resolver litígios, mas é frequentemente convidado enquanto instituição responsável pela gestão destas zonas. O CFZ reúne os protagonistas e favorece a sua aceitação mútua, e é para além deles que o problema pode ser levado ao nível dos juízes de Macenta. De momento, ainda não se chegou a esse nível. Nesta zona, o grau de recorrência dos conflitos continua muito elevado e varia de uma aldeia para outra, com exceção de Baloma e Ballasou.

Repartição dos conflitos intercomunitários por duração em meses

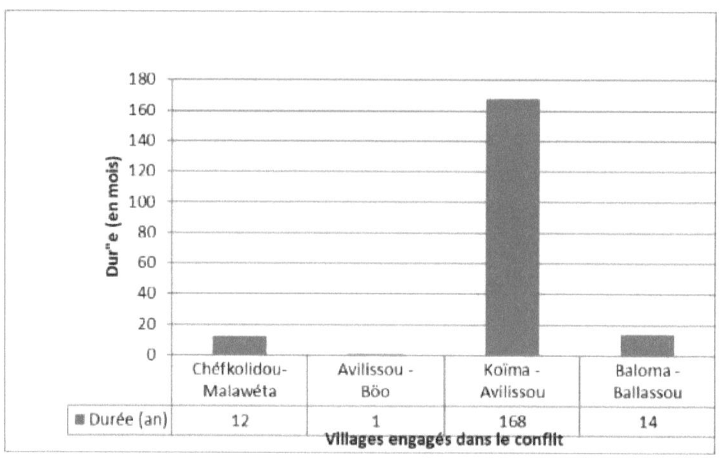

Fonte: Inquérito aos candidatos, agosto de 2014

2-5-3-1- A atribuição de terras baixas e a sua gestão em florestas classificadas

Fotografia de uma zona pouco profunda na floresta classificada de Ziama, obtida por Marcel

KOUROUMA, agosto de 2014

As terras baixas são selecionadas de acordo com as aldeias mais necessitadas. É criado um comité de gestão na aldeia. O seu papel consiste em atribuir as terras baixas às populações pobres com base num acordo assinado pelas autoridades locais, que são responsáveis pela prestação de contas ao comité e à CR. Este acordo define as diretrizes técnicas: nenhuma terra baixa pode ser obtida sem um controlo prévio e as terras baixas não são propriedade individual. Podem ser reatribuídas a outras pessoas no ano seguinte. Não podem ser transmitidas de pai para filho. É paga uma quota simbólica que marca a propriedade do Estado. Este montante é fixado em 30 000fg. As terras baixas em causa são geo-referenciadas e cartografadas. Não é autorizada qualquer extensão da área a cultivar nas encostas. 1/3 do montante é pago ao comité da aldeia para as despesas de funcionamento e 2/3 permite ao centro florestal acompanhar a evolução dos seus trabalhos. Gbade KOIVOGUI comentou: *Não se trata de uma atividade com fins lucrativos, mas sim de uma atividade de gestão participativa. A exploração destes baixios não tem em conta a origem das pessoas. Por vezes, as pessoas não pagam a quota e muitos deles transbordam das jaulas e atacam as encostas. As medidas implicam que a parte interessada seja despojada dos baixios, e é isso que está na origem dos conflitos. O conflito é, muitas vezes, entre o que fica sem nada e o que fica a receber. Muitas vezes, quem não paga a sua quota é avisado e, se não pagar, perde o direito de utilizar o baixio para outras pessoas na próxima época.* O não cumprimento dos termos do acordo daria ao CFZ o direito de lhes retirar a terra. As terras baixas são concedidas por família, e cada família tem direito a dois hectares. Muitas vezes, isto acontece depois de um controlo pelo comité de gestão. O comité de gestão é presidido pelo presidente do comité de gestão, que é seguido por todos os agricultores. De acordo com a CNUDPD (2012, P26-27), *"os comités de gestão devem ser compostos por representantes de todos os grupos sociais para que nenhum grupo se sinta prejudicado e se torne inimigo da governação florestal local"*. Neste caso, alguns cidadãos sentir-se-ão frustrados com o sistema de gestão implementado porque este apenas beneficiará uma minoria em detrimento da maioria. Isto pode ser visto em Ziama, onde os comités de gestão arrendam as terras baixas aos seus irmãos por entre 200.000gnf e 500.000gnf/hectare, enquanto o CFZ as arrenda oficialmente por 30.000gnf. Este facto leva alguns cidadãos a esconderem-se para cultivar no meio de uma floresta classificada. Esta situação gera frequentemente conflitos entre os gestores e as populações locais. Como foi o caso em Avilissou e Sibata II.

O CFZ depara-se geralmente com enormes dificuldades, na medida em que algumas aldeias se recusam a pagar os alugueres das terras baixas, que são consideradas pelo CFZ como propriedade do Estado e para as quais são concedidos direitos de utilização às comunidades das aldeias. No entanto, esta abordagem é considerada como um incentivo à participação das comunidades ribeirinhas na gestão destas zonas. A este respeito, Koi Guilavogui declarou: "Entre as *aldeias recalcitrantes, encontra-se Avillisou, que se recusou a pagar há dois anos por ser um bastião do partido RPG no poder. Uma vez, foi convocado pelo chefe florestal de Seredou, e foi a secção RPG de Macenta que interveio para recusar o pagamento do que devia aos serviços florestais.*

Os eleitos locais intervêm por vezes para defender as aldeias que infringem a lei.

CAPÍTULO III

A GESTÃO PARTICIPATIVA COMO ALTERNATIVA PARA A PROTECÇÃO RACIONAL E SUSTENTÁVEL DOS ECOSSISTEMAS DO MACIÇO FLORESTAL DE ZIAMA

Na África Ocidental, 1990 marcou o início da gestão participativa dos recursos naturais. No entanto, em certas regiões, como a África Oriental e Austral, já tinha começado em 1980 com as reivindicações de terras agrícolas detidas por uma minoria branca em detrimento de uma maioria negra (Maya Le Roy, 2013). A partir de 1990, a floresta de Ziama começou a entrar no círculo da gestão participativa. Aos olhos dos actuais gestores da floresta, isto marcou o início de uma verdadeira gestão, que foi planeada com base na experiência da gestão anterior de Sekou Touré.

Com o advento do liberalismo do falecido presidente Lansana CONTE, foi tomada consciência da necessidade de uma gestão sustentável das florestas classificadas da Guiné em geral e das da região florestal em particular, a floresta de Ziama.

A iniciativa foi tomada pelo falecido Amadou Oury BAH, então Diretor Nacional das Águas e Florestas, que se propôs encontrar financiamento para uma gestão eficaz destas florestas. Foram adoptadas novas estratégias, incluindo a procura de financiamento junto do Banco Mundial e do orçamento nacional de desenvolvimento (BND), a formação de gestores em gestão florestal participativa na Escola Tinto de Água e Florestas e o planeamento e desenvolvimento de planos de gestão para todas as florestas classificadas como regiões florestais.

Antes da chegada dos conservadores, a floresta de Ziama era protegida por 20 supervisores. Estes eram maioritariamente recrutados nas aldeias locais e recebiam formação em educação ambiental. Estas pessoas recebiam muito pouco, mas parece que participavam de facto na gestão dos recursos florestais. Pensamos que, na gestão participativa, se um projeto for realizado no terreno, a mão de obra deve ser recrutada nas aldeias locais. Isto mostraria que estas comunidades não só participam na gestão da floresta, como também beneficiam das suas vantagens.

Em 2013, os paramilitares foram afectados a Ziama como conservadores. Têm formação militar, mas, no que respeita à gestão dos recursos florestais, quase não têm conhecimentos de silvicultura. Este facto pode comprometer a gestão participativa implementada em Ziama.

A floresta é o recurso mais renovável possível. Regenera-se muito facilmente em comparação com os recursos mineiros. Se o governo elaborar uma estratégia bem adaptada, bem coordenada e participativa, e se forem tomadas medidas para envolver os parceiros multilaterais de modo a que estes possam prestar apoio, poderemos acompanhar o método posto em prática.

Por outro lado, se as pessoas que vivem em redor e nestas áreas estão interessadas nos efeitos dos recursos, também devem ter interesse em preservá-los. Quando o agricultor sabe que, ao abater uma palmeira, terá perdido algo que lhe pertence desde sempre e todos os dias. Se ele sabe que, ao abater uma vinha, vai perder a próxima colheita, pensamos que vai cuidar dela. Só assim teremos sucesso na gestão participativa. Barre KOIVOGUI disse: *"Não podemos gerir esta floresta em Conacri. É verdade que podemos dar ordens a partir de Conacri, mas quando se trata da execução, é preciso que as pessoas no terreno estejam bem motivadas e interessadas nos efeitos positivos desta floresta, especialmente as populações locais.*

Em 1990, o projeto PROGEFOR tentou aplicar a conservação pura, que consistia em cortar e arrancar as plantas da floresta classificada e substituí-las por espécies florestais exportadas. Era uma forma de olhar apenas para a floresta e não para as pessoas. Massa Guilavogui diz: *"No início, cultivávamos as nossas plantações tranquilamente à beira da estrada, no sopé da montanha, mas um dia os funcionários florestais vieram, cortaram tudo e deitaram-no fora, substituindo-o por madeira que não conhecíamos e de que não precisávamos. Disseram-nos que tínhamos de ir embora para o Estado".* Esta primeira experiência de silvicultura participativa na floresta foi um fracasso geral. Assim, para a segunda fase, o doador sabia que seria necessário criar uma divisão de "relações ribeirinhas". A ideia era, portanto, criar uma agrofloresta, o que implicaria trabalhar com as pessoas que tinham plantações na floresta classificada. Esta colaboração foi conseguida através da assinatura de um contrato de gestão florestal. No âmbito desse contrato, o agricultor podia manter essas plantações ao mesmo tempo que as espécies florestais, enquanto o CFZ pagava os custos dessa manutenção.

Nesta colaboração, cada parte tinha direito à sua espécie, sem que ninguém cortasse para o outro. Estes agricultores eram pagos pela manutenção da agrofloresta, tal como qualquer outra pessoa que efectuasse o trabalho.

Durante dez anos, beneficiaram não só dos frutos das árvores de café e de cola, mas também dos custos de manutenção das espécies florestais.

A gestão participativa deve ser mais do que simples palavras, deve ser uma ação concreta. Deve criar algo para o agricultor, os seus filhos e a sua mulher comerem. O Banco Mundial sublinha que *"a participação é o processo pelo qual as partes interessadas influenciam e partilham o controlo sobre as iniciativas, decisões e recursos que afectam o seu desenvolvimento"* (htt/www.worldbank.org/wbi/gouvernance/fra/about- f.html/approch).

No sistema de gestão comunitária, o controlo dos recursos está exclusivamente nas mãos das autoridades consuetudinárias (Pascal REY, 2007, ibid).

Como na Tanzânia, nos Camarões e no Gana, onde as comunidades são totalmente responsáveis pelos recursos naturais. Com a ajuda de regimes estabelecidos, conseguiram conservar a sua vida selvagem.

Para as comunidades, o modo de atuação dos agentes exteriores à aldeia é visto como uma vontade de romper com as relações de poder existentes, como salienta Elinor OSTRON (2010, ibid, *p. 90*): *"a regulação dos bens comuns não tem necessariamente de ser imposta do exterior de forma coerciva"*. Os dominantes esforçar-se-ão então por contrariar os objectivos do projeto. Por seu lado, os dominados não se arriscarão a contrariar o consenso social, o que seria sinónimo de exclusão e, portanto, de vulnerabilidade acrescida num contexto fortemente comunitário.

De acordo com as nossas análises, existem três formas de gestão comunitária: a forma passiva, em que as comunidades são beneficiárias da gestão efectuada por outros. Nas áreas protegidas onde esta forma de gestão está presente, as comunidades têm frequentemente de beneficiar de sessões de sensibilização; a cogestão, uma forma em que as comunidades participam na gestão dos recursos naturais através de acordos. Esta forma de gestão participativa dá às comunidades um poder real para exprimir as suas necessidades e avaliar a qualidade dos serviços prestados pela administração, pelos serviços públicos e pelos parceiros de desenvolvimento. Segundo Malick TRAORE (2010, p. 10), *"é um espaço de diálogo, de concertação e de responsabilização social que permite aos cidadãos e às populações efetuar um acompanhamento e uma avaliação participativa das acções que lhes são destinadas e formular críticas com vista à sua melhoria"*. Esta dinâmica de acompanhamento e de controlo tem em conta as necessidades de todos os actores e intervenientes do sistema de cogestão, que estabelecem regras e acordos para manter uma certa equidade na distribuição das tarefas e na partilha dos rendimentos ou dos bens de forma transparente. [41]Malick Traore sublinha alguns dos pontos fracos da cogestão,

---

[41] Este sistema de gestão foi experimentado no Mali no âmbito da gestão de três florestas classificadas, nomeadamente Faya, Sounsan e a floresta de Monts Mandingues, durante a primeira fase do projeto, que durou apenas quatro anos. Após a avaliação, verificou-se que se tinham registado alguns progressos, mas que estes eram muito frágeis, devido ao nível insuficiente de apropriação técnica e financeira por parte dos intervenientes na cogestão florestal. Esta análise foi feita a partir dos escritos de Malick Traore (2010), intitulados "Transparence et responsabilite sociale dans la gouvernance des ressources naturelles en Afrique Francophone" (Transparência e responsabilidade social na governação dos recursos naturais na África francófona), a abordagem do sistema de cogestão, um

nomeadamente a fraca capacidade dos actores, a falta de transferência de competências e a própria forma comunitária. Nesta forma, a gestão é verdadeiramente efectuada pela comunidade para o bem-estar da população local. A verdadeira gestão comunitária pode ser fortemente limitada pela ausência de políticas nacionais que a apoiem, independentemente do grau de envolvimento dos doadores e do potencial dos projectos comunitários na região.

Os actuais gestores da floresta de Ziama adoptaram uma abordagem de gestão participativa. No entanto, esta não obedece às regras da gestão participativa propriamente dita, segundo as quais as populações locais são totalmente responsáveis pelos recursos. Pode ser vista como uma forma de cogestão, na qual as populações locais participam através de acordos assinados entre elas e o Estado. Barres KOIVOGUI declarou: *"Estamos a trabalhar com as populações locais, assinámos contratos com elas que lhes permitem, por um lado, melhorar as suas condições de vida e, por outro, beneficiar da sua participação na gestão da floresta"*. Em Ziama, no entanto, a sensibilização é quase nula e, mesmo que exista, não tem qualquer efeito no terreno.

Com base nas nossas conclusões e no grau de participação da comunidade, elaborámos este quadro ilustrativo.

Actores e forma	Proprietário dos recursos	Papel da comunidade	Grau de participação local
Forma passiva	Estado	Receber benefícios dos gestores florestais, cooperar com os gestores florestais para proteger os recursos	Baixa; participação limitada a acções essencialmente passivas
Cogestão (ou gestão conjunta)	Estado, mas pode ser descentralizado ou desconcentrado	Cooperação com as autoridades públicas na gestão da zona protegida ou do recurso em causa	Meios; depende dos direitos e responsabilidades conferidos às comunidades locais numa dada situação
Gestão propriamente dita ou gestão comunitária	Comunidades locais através de um organismo coletivo representativo	Responsáveis pela gestão dos recursos através de direitos de usufruto delegados (direitos de utilização) ou tornando-se proprietários de pleno direito.	Eleve; as comunidades são os principais proprietários, decisores e beneficiários.

Fonte: Dilys Roe, 2009. Direção: Marcel Kourouma, 2014

3-1-Gestão participativa: benefícios para a floresta de Ziama

Os benefícios desta gestão incluem a consciencialização das pessoas para o risco de extinção de certas espécies vegetais e animais, como a ratã, que costumavam

espaço de participação ou de controlo na gestão dos recursos naturais no Mali.

ser abundantes. Através dos compromissos que assinam, as aldeias informam frequentemente o chefe do gabinete sobre as pessoas que não estão a cumprir o acordo.

Mas outra vantagem deste tipo de gestão é o seu sucesso. Hoje em dia, quando comparamos as imagens de satélite de 1990-1992 com as de 2000-2001, verificamos que a biomassa registou uma mudança acentuada. Muitas das áreas que estavam degradadas no período 1990-1992 foram fechadas. Esta gestão participativa teve também vantagens, como a recuperação do maciço, pois permitiu a reflorestação de 26 000 hectares de plantações florestais nas aldeias de Malaweta, Boo, Avillisou, Irie e Chefkolidou.

É preciso reconhecer que o sucesso destas actividades está ligado à participação destas populações na gestão deste recurso. As comunidades formaram-se em grupos florestais e trabalharam com os conservadores. Começaram por ajudar a sensibilizar os seus familiares. Os viveiros e a reflorestação eram efectuados pelos aldeões, que ganhavam a sua vida através do pagamento de contratos. Esta forma de gestão foi extremamente benéfica e pensamos que deve ser preservada.

Para garantir o cumprimento rigoroso do plano de gestão, o maciço foi dividido em três séries distintas, em função, naturalmente, da importância ecológica de cada série: a série de melhoramento, a série de utilização sustentável e a série de proteção integral.

A série de beneficiação abrange as zonas degradadas desde a classificação da floresta e representa 30% da superfície total, bem como a periferia das aldeias.

A zona de uso sustentável é uma zona em que devem ser efectuadas e vendidas remoções para permitir a gestão sustentável da floresta em caso de rutura. Abrange 27% da área total e está localizada no interior da floresta.

A última é a zona de proteção integrada, situada no coração do maciço. Nesta zona não é permitida qualquer atividade humana, exceto a investigação e a recolha de sementes florestais para abastecer as zonas degradadas. É utilizada como viveiro para a reflorestação das zonas periféricas. Nesta série, os animais, completamente ameaçados pelas aldeias ribeirinhas, têm de se concentrar e multiplicar facilmente para que a sobrepopulação possa ser colhida pela população local para alimentação.

Em Ziama, as zonas mais próximas das aldeias são as mais degradadas porque os agricultores consideram necessário cultivar perto da aldeia. Estas zonas têm pouca vegetação. Estas zonas periféricas estão de facto classificadas como floresta, mas foram sobre-exploradas no passado. Com o apoio de várias ONG e instituições, incluindo o PGRFOR, a AFD, o ACNUR, o KWF e a Guiné através do BND, partes destas áreas degradadas foram reflorestadas, com uma área total de 26.000 hectares.

Atualmente, apesar das várias actividades de manutenção realizadas nestas parcelas, a cessação do financiamento não permite efetuar os desbastes indispensáveis à vida de um povoamento artificial.

Diagrama das séries que compõem a floresta Ziama e sua percentagem de ocupação
de ocupação

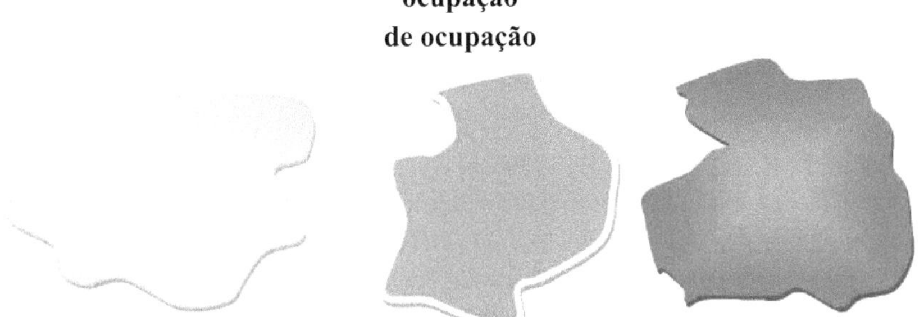

1 Série "Melhoria" 30%2   Série "Utilização sustentável" 27% Série "Proteção integrada" 53

3-2 - Necessidade de integrar as normas consuetudinárias com as disposições do código florestal para uma gestão sustentável do maciço de Ziama

A floresta de Ziama está especificamente sob o controlo do Centro Florestal de N'Nzerekore. Para atingir os seus objectivos, o centro faz uso do poder consuetudinário. Por exemplo, a aceitação do direito de uso para as populações locais, o uso de costumes e mreurs. A colheita de certas espécies nas terras baixas, a caça de subsistência para lhes permitir viver como os seus antepassados viviam nos limites das actividades comerciais destes recursos. Em contrapartida, as comunidades trabalham com o pessoal do centro florestal para preservar este recurso. Estas comunidades certificam-se de que as pessoas de fora do seu território não vêm tirar os recursos desta floresta para fins comerciais.

Se os costumes e os direitos de utilização das aldeias ribeirinhas não forem respeitados, as actividades de conservação falharão. Koi Guilavogui diz o seguinte: *"Os chefes tradicionais também estão envolvidos na gestão desta floresta, apoiando as iniciativas lideradas pelo chefe dos curandeiros tradicionais. Ele tinha geo-localizado todas as florestas reservadas ao culto, assim como os cursos de água onde se encontram os génios protectores das aldeias de Seredou a Koyama".* Produziu brochuras para distribuir nas várias aldeias. Nessa brochura, explicava a importância da preservação desses locais de culto.

O plano de gestão elaborado para Ziama responde aos objectivos clássicos de conservação da biodiversidade e de implicação das populações locais na gestão e exploração da floresta. No entanto, a sua aplicação no terreno depara-se com enormes dificuldades: falta de financiamento para a criação de programas de sensibilização e de formação dos conservadores em técnicas de gestão comunitária e um contexto sociológico muito complexo. No entanto, está claramente definido no artigo 13º do Código Florestal guineense. No entanto, para preservar os recursos florestais a longo prazo, é necessária uma gestão concertada, ou seja, uma abordagem em que as comunidades locais participem no processo de decisão. Isto implica que as comunidades locais devem ter poder de decisão a todos os níveis e acesso aos mecanismos de financiamento locais, nacionais e internacionais. Para o efeito, devem ser plenamente associadas à elaboração das leis e regulamentos pertinentes, reforçando a sua capacidade de gestão dos recursos florestais. À luz dos testemunhos recolhidos durante os nossos inquéritos no terreno, coloca-se um problema no que respeita à propriedade desta floresta. Por um lado, o Estado e, por outro, a comunidade. Tanto o Estado como a comunidade devem efetuar as melhorias necessárias para assegurar a gestão futura dos recursos naturais da reserva.

Do ponto de vista do doutoramento, continuaremos com o mesmo tema de acordo com o calendário que se segue.

PERÍODOS	**ACTIVIDADES REALIZADAS**
pré-Ano	Pesquisa documental e elaboração do projeto
eme2 Ano	Trabalho de campo
eme3 Ano	Redação e apresentação do relatório

BIBLIOGRAFIA

OBRAS GERAIS

1-Abdelilah BAGUARD et al, 2013, " évaluation de 1 approche participative en matiere de gestion forestiere " Cas de la commune rurale Oued Ifrane, 112 p.

2-Adam SMITH, (1776), An Inquiry into the Nature and Cause of the Wealth of Nations.

3-Amadou BAH et al, (1996) Forets, politique Forestiere en Gurnee 63p

4-Alain BEITONE, (2007) Dictionnaire des Sciences economiques, 2 edição Paris : Armand colin 252 p.

5-Banjeu GARNIER, (1958), l'agriculture Guineenne. L'information geographique, 198 p.

6-Catherine BARON, (2003), La gouvernance : débat autour d'un concept polysemique. In Droit et Societe, 400 P.

7-UNDPD, (2009), Gouvernance : 1 arbre qui cache la foret 184 p.

8-CERTU, (2001), L'analyse des systemes d'acteurs, 100 p.

9-David BOLLIER et al, (2012), les biens communs, comment cogerer ce qui est a tous? 52 p.

10-David RICARDO, (1819), Principe d'eco politique et Impot.

11-Dilys ROE et al, (2009), Gestion communautaire des ressources naturelles en Afrique : Impact, expériences et orientation future, 241 p.

12-Elinor OSTRON, (2010), Gouvernance des biens communs : pour une nouvelle approche des ressources naturelles, 300 p.

13-Fontaine CAVALERIE et al, (2004), dictionnaire de droits, 3 edição, Paris Foucher, 511 p.

14- Garret HARDIN, (1967), the tragedy of the commons,162 p.

15- Georges PAQUET, Gouvernance : mode d'emploi, Montreal, Liber, 2008, 372 p.

15-Hermet GUY, (1998), Dictionnaire de la science Politique et des Institutions politiques; 2 edição; Paris: Armand colin, 114 p.

16-INRETS, (2009) o conceito de governação 52 p.

17-Isabelle LA CROIX et al, (2012), gouvernance : tenter une definition ; n°3, Automne, 281 p.

18-Jean Pierre BOURD e Christian CHABOUD, (1993), le concept de ressources naturelles en economie, Forum Halieutique; Forum halieutique Renne 281 p.

19-Jean Pierre GAUDIN, (2001), pourquoi la gouvernance, paris: presse de sciences 11 p.

20-Jean Pierre VANDENBERG et al, (1996) anthropology and social forestry: a theoretical exploration 14 p.

21-Juhe BEAULATON, (2010), Foret Sacree sanctuaire, Paris, Karthala.

22-Jules GUILLARD, (1986), Revue du secteur forestier en Guinee.

23-Joseph STIGLITZ et al, (2007), principes d'economie moderne brochee.

24-Luc FOURNIER, (2003), Le rire des arbres. Les pleurs des forets; Outre mont, Lanctot, 250 p.

25-Martin YELKOUNI, (2004), decentralisation et dynamique des institutions dans la gestion des ressources naturelles en Afrique de l'Ouest : cas des reserves de biospheres, 53 p.

26-Marie Claire ROBIC, (1992), Du milieu a 1 environnement, pratique et representation du rapport Homme /Nature, depuis la renaissance, paris, Economica 348 p.

27-Maya LE ROY et al, (2013), la gestion durable des forets tropicales " De l'analyse critique du concept a revaluation environnementale des dispositifs de gestion " 240 p.

28-Michel CROZIER e Erhard FRIEDBERG, (1977), 1'acteur et le systeme : les contraintes de l'action collective 500 p.

29-Ministere du Transport Public et de L'Environnement, Novembre (1997), monographie nationale sur la diversite biologique, Conakry, 148 p.

30-OIF, (2009), Feux croisises des questions de gestion des ressources naturelles par rapport au changement climatique et de renforcement des capacites des producteurs agricoles au Sahel, 240 p.

31-Olivier PETITJEAN, (2010), les biens communs : modele de gestion des ressources naturelles, 136 p.

32-Patrick TRIPLET, (2009), Manuel de gestion des aires protegees d'Afrique Francophone, 1250 p.

34- Pierre KARPE (2005), La protection des droits des collectivites autochtones sur leurs biens culturels, 250 p.

35-Pierre HAMEL e Bernard JOUVE, (2006), un modele Quebequois? Gouvernance et Participation dans la gestion publique, Montreal, 126p

36-Philippe Moreau DEFARGES, (2003)   : la gouvernance, paris, presse Universidade de França, coleção "que sais-je", 96 p.

37-Serge BAUCHETE e Pierre DE MARET, (2000), "les peuples des forets tropicales aujourd'hui" volume III, Region d'Afrique Centrale 458 p.

38-Simon OSTROWETSKY, (1997), Table ronde, colloque Geographie et Langage.

39-Thomas Robert MALTHUS, (1798), Essaie sur le principe de la population, 236 p.

MEMOIRES ET THESES 1-Charlotte Gisele KOUNA ELOUNDOU, (2012), decentralisation forestiere et gouvernance locale des forets au Cameroun : le cas des forets communales et communautaires dans la region Est, 350p, tese em Geografia Social e Regional, defendida na Universidade do Maine.

1-Daniel LAMAH, (2009), Systemes de culture et modes d'occupation des espaces ruraux dans la zone de Gouecke, prefecture de n'Zerekore : Dynamisme et enjeux, tese de mestrado, 130 p.

2-*Daniel* LAMAH, (2013), Insertion de la cafeiculture dans les structures de production en Guinee Forestiere, tese em geografia, 490 p.

3-Daouda DIALLO, (1999). Inventário e estudo sócio-económico do património natural de Koil, prefeitura de Koundara. Memoire de DEA en sciences de l'environnement, Centre d'etude et de recherche en environnement (CERE), Universite de Conakry, 120 p.

4-Florent GLATARD, (2005), Diagnostic agraire du village de Boo, Gurnee Forestiere, tese DEA em agronomia tropical, 134 p.

5-Mamadou Cire CAMARA, (1999), Contribution a la connaissance de la Flore et de la Vegetation du Parc National du Badiar, tese de mestrado em ciências do ambiente, Centre d'étude et de recherche en environnement (CERE), Universidade de Conakry, 120 p.

6-Mohamed ELLATIFI, (2012), l'economie de la foret et les produits forestiers au Maroc : bilan et perspectives, these en science de l'environnement, 424 p.

7-Mory HABA, (2010), dynamique et évaluation des performances agronomiques et socio-economiques des plantations de palm a huiles en Guinee Forestiere, tese de mestrado em agronomia tropical, 34 p.

8-Pascal REY (2007), le sage et l'Etat, pouvoir, territoire et developpement en Gurnee Maritime, tese em geografia, Université de Bordeau III, 298 p.

9-Raymond DJOSSOU, (2009), Gouvernance et Performance des projets publics, 65 p.

ARTIGOS CIENTÍFICOS

1-Alain Bertrand (1992). A organização social para a destruição das florestas: o caso da Guiné-Bissau. Arbres, forets et communautes rurales, Boletim número 2.

2-Djiramba DIAWARA, (2001), situation des ressources Genetiques forestieres de la Guinee, 27 p.

3-Frederique BLOT et al, (2004), " Ressources ", un concept pour l'etude de relation eco-socio-systemique, Montagne Mediterraneenne, n°20, 73 p.

4-Guy DI MEO, (1987), objectivite et representativite des formations socio spatiales : de l'acteur au territoire n°537, vol 96.

5-Jean Marie KOFFI, (2013), Inegalite de droits et soutenabilite de la gestion des ressources forestières au sud de la Cote d'Ivoire, 18 p.

6-Jean Marie MARTEL, (2002), Une demarche participative multicritere en gestion integree des forets". INFOR, vol. 40, no 3.

4-Koffi ALLINON, (2006), Societe civile togolaise face aux defis de transparence, de bonne gouvernance et d'efficacite : etat des lieux et perspectives. Question de gouvernance, les cahiers de Mande Bukari. Revista trimestral da Universidade Mande Bukari, n.º 4, 3.º trimestre.

5-Lamine MANDIANG, (2008), projeto "Consolidação e expansão da comunicação cidadã para a governação democrática no Senegal", 10 p.

6-Malick TRAORE, (2010), Transparence et responsabilite sociale dans la gouvernance des ressources naturelles en Afrique Francophone : l'approche du systeme de cogestion, un espace de participation ou de control dans la gestion des ressources naturelles au Mali, 18 p.

RELATÓRIOS

FAO, (2007), Good governance of land tenure and land administration. Estudos sobre a posse da terra n.º 9. Roma.

1-FAO, (2009), Rapport d'Etude relatif au Dialogue sur les Forets en Afrique de l'Ouest, 250 p.

2-FAO, (2000), Approche participative, communication et gestion des ressources forestieres en Afrique sahelienne : Bilan et perspectives 120 p.

3-FAO, (2012), State of the World's Forests 66 p.

4-FAO, (1993), Projet National de Gestion des Ressources Rurales, Rapport de preparation volume 2.

5-GRIP, (2012), Ressources naturelles : conflits et construction de la paix en Afrique de l'Ouest, 36 p.

6-GRET, (2005), Construire une gestion negociee et durable des ressources naturelles renouvelables en Afrique de l'Ouest, 182 p

7-James HEATHER al, (1994), " Programme d'évaluation des trois forêts classeses du sud de la Guinee " 32 p.

8-MAEF, (2007), workshop sub-regional sobre a gestão sustentável dos recursos florestais na África Ocidental, 49 p.

9-Martin YELKOUNI, (2004), decentralisation et dynamique des institutions dans la gestion des ressources naturelles en Afrique de l'Ouest : cas des reserves de biospheres, 53 p.

10-Ministere de l'agriculture, de l'elevage et des forets, (2006), programme d'action National de Lutte contre la desertification (PAN/ LCD), 120 p.

11-Nações Unidas. Nova Iorque, (2002), relatório do sono mundial para o desenvolvimento sustentável, Joanesburgo, África do Sul, 198 p.

12-OIF, (2009), Feux croisises des questions de gestion des ressources naturelles par rapport au changement climatique et de renforcement des capacites des producteurs agricoles au Sahel, 31 p.

13-RAC-F, (2012), Protocolo de Quioto, balanço e perspectivas: um novo regime à altura do desafio climático, 51 p.

14-IUCN, (2004), Congresso Mundial de Conservação, 3ª Sessão, Banguecoque, Tailândia.

SÍTIOS WEB

1-http//www.acdi_cida.gc.a/INET/Image.NSF/VLUImages/Evaluation2/Sfile/ Reviewof governance_programming in CIDA_EN.pdf (página consultada em 04 de abril de 2014.

2-http//www.worldbank.org/wbi/gouvernance/fra/about-f.html/approch, página consultada em 04 de abril de 2014.

3-draaf.pays-de-la-loire.agriculture.gouv.fr/.../Tome_1_-_chapter_11_cle

4-htt//eegeosociale.free.frirenne2006 ;"De l'usage de la notion d'acteurs en Geographie" (Como a geografia social, depois de vencer a guerra das ciências, pode construir a paz), página consultada em 09 de abril de 2014.

5-htt://www.ecosociosysteme.fr/ressources naturelles-html (página consultada em 08 de abril de 2014).

6-htt://www.crpf.fr/bretagne/doc-gestion-durable/fonction_foret.html (página consultada em 10 de abril de 2014).

7-http://www. guinee. gov. gn/1 bienvenue/discours.htm (site consultado em 01/10/ 2014.

8-htt://www.ofme.org/crpdf (página consultada em 10 de abril de 2014).

9-http://eur. lex.europa.eu/LexUriserv/site/en/com/2001/com2001 0428enO1.pd f (página consultada em 04 de abril de 2014).

10-WWW. Icra - edu .org

Anexo 1: Quadro recapitulativo das florestas classificadas no Gurnee Forestiere

Nomes de florestas	Área em hectares (ha)	Graus de degradação (em %)	Altitude (m)
Aqui	8 920	90	-
Bero	26 850	75	1 200
Diecke	59 143	30	595
Pic de Fon	25 600	35	1 656
Banan	12 000	40	-
Yonon		-	0
Ziama	119 019	27	1 387

Fonte: CFZ, realizado pelo candidato 2014.

Anexo 2: Queixa registada pelo Gerente da Agência de Ziama sobre os danos causados pelos elefantes de 1999-2014

N0	Aldeias	Nome das vítimas	Degatos	Data do dano
1	ZOBOROMA	MORIBA GUILAVOGUI	ARROZ E CAFÉ	
		AWARA GROVOGUI	ARROZ E CAFÉ	
		SOUARE TOUPOU	BANANES	
		OUA PIVI	ARROZ	
		GUILE GUILAVOGUI	MANIOC	20/11/199
2 3	ERIE BALASSOU	ZEZE BILIVOGUI	ARROZ	2003 2010
		GBABE BEAVOGUI	ARROZ	
		MORY SOVOGUI	ARROZ	
		MOUSSA TRAORE	ARROZ	
		KABINET TRAORE	ARROZ	
		CEZE GUILAVOGUI	COZINHAR e ARROZ	
		SEKOU BEAVOGUI	ARROZ	
		GABRIEL KOIVOGUI	ARROZ	
		FATA CAMARA	ARROZ	
4	AVILISSOU	KOIKOI BILIVOGUI	ARROZ	
		MOUSSA TRAORE	GRENIER	
		FALIKOU SAGNO	ARROZ, TARO, CELEIRO	
		MALICK SANGARE	TARO e BANANAS	2013
		ABOU DIALLO	BANA NES, TARO e CAFE	
		LAMINE KEITA	BANANES	
		MORIFING TRAORE	BANANES	
		SIBA ONIVOGUI	BANANAS e CAFÉ	
		MAMADI KOUROUMA	CACAO e TARO	
		BANGALIA TRAORE	ARROZ E CAFÉ	2014

Fonte: CFZ, sucursal de Ziama, realizado pelo candidato, agosto de 2014

Anexo 3: RESUMO DAS FLORESTAS CLASSIFICADAS NA GUINÉ

Regiões	Área (ha)	Número de florestas classificadas	Área classificada (ha)	A maior floresta da região	Percentagem de cobertura
Baixa (fina	3.620.800 ha	32	112 068 ha	Botokoly 23 000 ha	3,09
Média Guiné	6 360 800 ha	64	413 638 ha	N'dama 67.000 ha	6,50
Alta Guiné	9 666 700 ha	26	333 723 ha	Kouya 67 400 ha	3,45
GuinCe ForestiCre	4 937 400 ha	8	322 704 ha	Maciço de Ziama 119019 ha	6,53
TOTAL	**24.585.700 ha**	**130**	**1.182.133 ha**	**269.700 ha (22,81% da área classificada)**	**4,80%**

Apêndice 4: GUIA DE MANUTENÇÃO

Guia de entrevista

Guia de entrevista para gestores de departamentos governamentais.

Nome e apelido do investigador :

Número de identificação :

Data do inquérito: a partir de /.... / para   /.... / 2014

Início de 1 entrevista :

Fim da 1 entrevista :

Duração da entrevista :

Identificação do entrevistado

Nome completo :

Género :

Idade :

Estado civil :

Serviço :

1-Qual é o papel das autoridades públicas na gestão das zonas protegidas?

2-Que papel desempenha o poder consuetudinário na gestão das áreas protegidas?

3-Que medidas tenciona o Estado adotar para evitar a destruição das florestas classificadas?

4-Qual é a vossa análise das aldeias no coração do maciço?

5-Que papel desempenha a sua instituição na gestão desta floresta?

6-Qual é a relação entre o centro florestal e a população local?

7-As leis que regem a regulamentação da floresta são respeitadas pelas empresas? populações? sim ou não

Se não, porquê?

8 Existem conflitos entre a vossa instituição e a população local? sim ou não

9 Se surgisse um conflito, como é que lidaria com ele?

10-Executam campanhas de sensibilização para os desafios da desflorestação no vosso país? estas aldeias? sim   ou não

Em caso afirmativo, como

Se não, porquê?

11-As populações locais beneficiam de indemnizações pelos danos causados pelas animais nos campos? sim ou não

Em caso afirmativo, quanto?

12-As comunidades são envolvidas na elaboração das leis que regulam a floresta? sim ou não

Em caso afirmativo,

O quê?

Caso contrário,
Porquê

13-Considera que 1 Etat é melhor placĕ para дĕгег esta floresta? sim ____‖ou Não ⌋

14-A gestão é assegurada exclusivamente pelo Estado ou é partilhada?

15-Que sistemas de gestão prevêem para a gestão sustentável desta reserva?

16-As ONG estão envolvidas na gestão deste maciço? sim ou não

Em caso afirmativo, quantos estiveram envolvidos entre 1942 e a atualidade?

17-Que desafios estão a enfrentar?

18- Estas comunidades causam danos à floresta? sim ou não

em caso afirmativo, como

19-Quem é hoje o dono desta floresta e porquê?

a- Comunidade
b- Estatal
c- Privado

GUIA DE ENTREVISTA PARA O PÚBLICO EM GERAL

Nome completo do investigador:

Coordenadas Geográficas (GPS)

Número de identificação :
Data do inquérito: a partir de /.... / para   /.... / 2014
Dëbut de 1 entrevista :
Fim da 1 entrevista :
Duração da entrevista :
Identificação do entrevistado
Nome completo :

Género :

Idade :

Estado civil :

Profissão :

Aldeia ;Bairro: ;   CRD :

1- Como é que a floresta era gerida antes de ser classificada?

2- Quem foram os primeiros habitantes da tua aldeia e de onde vieram?

Como é que a terra é apropriada na vossa comunidade?

1. *Direito de Hache* ⌊

2. *por património*

3. *Por doação*

4. *venda*

3a gestão era regida por leis? sim ⌊⌊ou não ⌊⌊

Se sim, quais?

4- Se, por exemplo, um residente infringisse esta regra, quais seriam as consequências?

a- *atingido pela ira do génio* ⌠

b- *paga uma multa à coletividade*

5-Como é que se relaciona com a floresta?

6- Quais são as diferentes actividades que costumava fazer?

a- agricultura

b- criação

c- pesca

comércio eletrónico

7-Os limites são traçados de forma a impedir a penetração na floresta? sim ______‖ ou não IZZI

8- Ocorre violência física entre si e os guardas florestais? sim ______II ou não ______‖
Em caso afirmativo, porquê?

Porque :

a- matas animais ______II

b- cortas a madeira ______‖

c-ou se violar as regras ______‖

9- Ocorre por vezes violência comunitária entre vós? sim □ ou

Se sim, quais são?

10-Quais são as formas de resolver estes conflitos *a-costumeiros*   ?

b- judicial

d- família

11- Conhece o conteúdo dos documentos que regem a floresta? sim I lou não I I

12- Tem algum problema durante o período de cultivo? sim | ou não IZZI

a- os animais devastam os campos |^ZI

b- os guardas florestais ______ *impedem a extensão dos campos*

13- Há alguma ONG que o apoie em actividades fora do âmbito do seu trabalho?
l'agricultura? sim ______‖ ou não ______‖

Se sim, quais?

14- Quem é hoje o dono desta floresta? E porquê?

a- comunitário b- *estatal* c- *privado*

I want morebooks!

Buy your books fast and straightforward online - at one of world's fastest growing online book stores! Environmentally sound due to Print-on-Demand technologies.

Buy your books online at
www.morebooks.shop

Compre os seus livros mais rápido e diretamente na internet, em uma das livrarias on-line com o maior crescimento no mundo! Produção que protege o meio ambiente através das tecnologias de impressão sob demanda.

Compre os seus livros on-line em
www.morebooks.shop

Printed by Books on Demand GmbH, Norderstedt / Germany